国家电网公司
电力科技著作出版项目

བོད་རྒྱ་ཤན་སྦྱར་གྱི་ཀློག་དེབ།

藏汉双语读物

ཉི་ནུས། ——གསེར་མདོག་གི་ནུས་ཚད།

# 太阳能

## ——金色的能量


རྩོམ་སྒྲིག ཀྲུང་གོ་གློག་འཕྲུལ་བཟོ་སྐྲུན་རིག་གཞུང་ལྷན་ཚོགས།
གཙོ་སྒྲིག་པ། ཧོང་ཆི་ལི།
གཙོ་སྒྲིག་གཞོན་པ། ཤའོ་ལན།

中国电机工程学会 组 编
黄其励 主 编
肖 兰 副主编

ཀྲུང་གོ་གློག་ཤུགས་དཔེ་སྐྲུན་ཁང་།
中国电力出版社
CHINA ELECTRIC POWER PRESS

**图书在版编目（CIP）数据**

太阳能 ：金色的能量 ：藏、汉 / 黄其励主编 . -- 北京 ：中国电力出版社，2016.9（2017.1 重印）
ISBN 978-7-5123-9741-5

Ⅰ．①太… Ⅱ．①黄… Ⅲ．①太阳能－普及读物－藏、汉 Ⅳ．①TK511-49

中国版本图书馆 CIP 数据核字（2016）第 210069 号

地图审图号： GS ( 2014 ) 672 号

中国电力出版社出版、发行
（北京市东城区北京站西街 19 号　100005　http://www.cepp.sgcc.com.cn）
北京博图彩色印刷有限公司印刷
各地新华书店经售
*
2016 年 9 月第一版　2017 年 1 月北京第三次印刷
710 毫米 ×980 毫米　16 开本　6.25 印张　87 千字
定价 19.80 元

## 《ཉི་ནུས། གསེར་མདོག་གི་ནུས་ཚད་》རྒྱ་བོད་ཤན་སྦྱར་ཀློག་དེབ་ཀྱི་རྩོམ་ཞུས་ཚོགས་པ།

གཙོ་སྒྲིག་པ། ཧོང་ཆི་ལི།
གཙོ་སྒྲིག་གཞོན་པ། ཤའོ་ལན།
རྩོམ་འབྲི་བ། （མིང་རུས་ཀྱི་འབྲི་སྣངས་གོ་རིམ་བཞིན་སྒྲིག）
ཕུ་ཆུང་གཞོན་པ། ཝང་པིང་ཆང་། ཝུའུ་ཅིང་ཅིང་། ལིའུ་ཀྲི་ཧུང་།
ཧོ་ཡུས། ལིས་མིང་ཅཱ། ཤའོ་ལན། ཀྲའོ་དབྱིན། ཚའོ་རུང་། ཐན་ཤོལ་ཆི།
ཞུ་དག་པ། ཝང་ཝུན་ཅིང་། པའེ་ཧྥུང་ཝུ། ལྷག་པ་ཚེ་རིང་། ཤྲི་ཐར་དོན་གྲུབ། ཅིན་ཕྲུང་།
ཡིག་སྒྱུར་པ། བྱམས་པ་དོན་འགྲུབ།
དཔར་ལེན། ཝུའུ་ཅིང་ཅིང་། ཧུ་ཧན། ཀྲང་ཅུན་ཞཱ།
རྩོམ་སྒྲིག་འགན་འཁུར་བ། ཐན་ཤོལ་ཆི།
རི་མོ་བ། ཏེས་ལི། ཀྲང་ཅུན་ཞཱ།
ཐུགས་རྗེ་ཞུ་རྒྱུའི་ལས་ཁུངས། བོད་རང་སྐྱོང་ལྗོངས་གློག་འཕྲུལ་བཟོ་སྐྲུན་རིག་གཞུང་ལྷན་ཚོགས།
རྒྱལ་ཁབ་ཉི་ནུས་འོད་དྲོད་ཐོན་ལས་ལག་རྩལ་གསར་གཏོད་འཐབ་ཇུས་མཉམ་འབྲེལ།

## 《太阳能——金色的能量》藏汉双语读物编审组

**主　　编**　黄其励
**副 主 编**　肖　兰
**编写人员**　（按姓氏笔画排序）
小布穷　王炳强　伍晶晶　刘志宏　何　郁
李明佳　肖　兰　周　缨　曹　荣　谭学奇
**审稿人员**　王文静　白凤武　拉巴次仁　石达顿珠　金　鹏
**翻　　译**　强巴顿珠
**摄　　影**　伍晶晶　呼　唤　张俊霞
**责任编辑**　谭学奇
**绘　　图**　戴　利　张俊霞
**鸣谢单位**　西藏自治区电机工程学会
国家太阳能光热产业技术创新战略联盟

## སྔོན་འགྲོ།

ཡངས་ཤིང་རྒྱ་ཆེ་བའི་འཛིག་རྟེན་སྟེང་། ཉི་མ་ནི་ང་ཚོ་དང་བར་ཐག་ཉེ་ཤོས་ཀྱི་བརྟན་སྐར་ཞིག་ཡིན། ཚན་རིག་ཞིབ་འཇུག་པས་རྩིས་བརྒྱབ་པ་བརྒྱུད་ཉི་མའི་ཚེ་ཚད་ནི་ལོ་དུང་ཕྱུར་200ཙམ་ཡིན། མ་འོངས་པའི་ལོ་དུང་ཕྱུར50ཙམ་གྱི་ནང་ལ་མུ་མཐུད་ས་གོ་ལར་ཞབས་ཞུ་བྱེད་ཀྱི་རེད། མིག་སྔར་ཉི་མ་ནི་ཧ་ཅང་ཆེ་ཞིང་ཚ་བ་ཆེ་བའི་རླངས་གཟུགས་ཀྱི་སྐར་མ་ཞིག་རེད། ཉི་མའི་གོ་ལ་སྦོམ་ཆེན་འདིའི་ནང་ས་གོ་ལ་ཁྲི100ཤོང་ཐུབ་ཀྱི་རེད། དེ་འདྲའི་ཉི་མ་ཡོད་པས་ས་གོ་ལའི་ཐོག་གི་ཚེ་སྲོག་གསོ་སྐྱོང་ཐུབ་པ་དང་། རིམ་པ་དམའ་བའི་ཚེ་སྲོག་དག་རིམ་མཐོའི་སྐྱེ་དངོས་སུ་འཕེལ་རྒྱས་བྱུང་ཡོད་ལ། མིའི་རིགས་ཀྱི་དེང་རབས་ཚན་རྩལ་དང་ཤེས་ཡོན་འཕེལ་རྒྱས་ཀྱང་བྱུང་ཡོད།།

ཉི་མ་ནི་ཧ་ཅང་ཆེ་ལ་བརྟན་པ་དང་། ཛོགས་མཐའ་མེད་པའི་ནུས་ཁུངས་འབྱུང་ས་ཞིག་ཡིན། ཉི་མས་འཛིག་རྟེན་ལ་ཁབ་ལེན་རླབས་ཕྲེང་བརྒྱུད་ནུས་ཁུངས་འཕྲོ་གི་ཡོད། ས་གོ་ལར་སླེབས་པའི་ཉི་མའི་སྤྱིའི་ཟེར་འཕྲོའི་དུང་ཕྱུར22ཀྱི་ཆ1ལས་ཟིན་གྱི་མེད། དཔྱུགས་ཆ་གཅིག་ནང་ས་གོ་ལར་ངོས་སླེབས་ཉི་ནུས་བསྡོམས་འབོར་དེ་ཚད་ལྡན་རྡོ་སོལ་ལ་ཕབ་ན་ཏུན500ཟིན་ཡོད། ཉི་མ་ནས་ཡོང་བའི་ཟེར་འཕྲོ་སྟེ་ཉི་ནུས་ཀྱིས་དྲོད་འདོན་ཐུབ་པ་དང་། རྫས་འགྱུར་འབྱུང་འགྱུར་ཡང་འབྱུང་ཐུབ། ཐད་ཀར་གློག་གཏོང་ཐུབ་ཀྱི་ཡོད་སྐབས། ས་གོ་ལར་གནས་པའི་ཚེ་སྲོག་དང་ས་གོ་ལའི་རང་བྱུང་གི་རིམ་པ་ལ་མཚོན་ན་ཤིན་ཏུ་གལ་ཆེ་བ་ཞིག་ཡིན། རླུང་ནུས་དང་། ཆུ་ནུས། སྐྱེ་དངོས་ཀྱི་ཐུས་ནུས། རྒྱ་མཚོའི་དྲོད་ཁྱད་ནུས་པ། རླབས་ནུས། དེ་བཞིན་མཚོ་རླབས་ནུས་པའི་ཆ་ཤས་འགའ་ཡང་ཉི་མ་ལས་བྱུང་བ་ཡིན། ས་གོ་ལའི་ཐོག་གི་རྡོ་སོལ་དང་། རྡོ་སྣུམ་སོགས་འགྱུར་རྡོའི་འབར་རྫས་སོགས་ཀྱང་། རྩ་བ་ནས་བཤད་ན། གནའ་སྔ་མོ་ནས་གསོག་འཛོག་བྱས་པའི་ཉི་ནུས་ཤིག་རེད་ལ། ས་གོ་ལའི་ནུས་ཁུངས་ཕལ་ཆེར་ཡང་ཉི་མ་ལས་བྱུང་བ་རེད།།

ཉི་མ་རྒྱ་ཆུར་བཞུད་དུས་སྐོར་ཞེས་དང་། ཧ་བདུན་དབང་པོ་ཆུ་ལྷ་ཡིབ་ཅེས་པ་སོགས་ཀྲུང་གོའི་གནའ་རབས་ཀྱི་སྙན་ངག་ནང་ཉི་མ་ཇམ་བརྗོད་ལྡན་པ་བྲིས་ཡོད། གནའ་དུས་ཀྱི་ཀྲུང་གོ་དང་། རྒྱ་གར། ཨེ་ཅིབ། མེ་ཤི་ཀོ་ལྷོ་མའི་དབྱིན་ཅ་གོང་མའི་རྒྱལ་ཁབ་སོགས་ཀྱི་རིག་གནས་ནང་ཉི་མར་དད་བཀུར་གྱི་རྗེས་ཤུལ་གསལ་པོ་ཡོད། ཁུལ་དེ་དག་ནི་ཉི་མའི་རིག་གནས་ཀྱི་འབྱུང་ཁུངས་རེད། མིའི་རིགས་ཀྱིས་རང་འགུལ་ངང་ཉི་ནུས་བེད་སྤྱོད་པའི་ལོ་རྒྱུས་ནི་ཧ་ཅང་རིང་ཞིང་ད་བར་ལོ3000ཙམ་བརྒལ་ཡོད། མེ་ལེན་བྱེད་ཀྱི་མེ་ཤེལ་དང་། དུས་བརྟག་བྱེད་ཀྱི་གྲིབ་ཚོད་འཁོར་ལོ་

བེད་སྤྱོད་པ་ནས་བཟུང་། ཉི་ནུས་འོད་ཕྲ་གློག་གཏོང་། ཉི་དྲོད་གློག་གཏོང་། ཉི་ནུས་རླངས་འཁོར་དང་། གནམ་གྲུ། ཉི་ནུས་བཟོ་སྐྲུན་དང་དྲོད་ལེན་སོགས། མིའི་རིགས་ཀྱི་ཉི་ནུས་བེད་སྤྱོད་ནི་བྱ་འཕུར་བ་བཞིན་འཕེལ་རྒྱས་ཕྱིན་ཡོད་པས། དུས་རབས་21པའི་ནང་ཉི་ནུས་ཀྱི་ནུས་ཁུངས་ཡིད་འཕྲོག་ནུས་པ་ཇེ་ཆེར་འགྲོ་བཞིན་འདུག།

2015ལོར། རང་རྒྱལ་དུ་ཉི་ནུས་འོད་ཕྲ་གློག་གཏོང་གི་གློག་གསར་གཏོང་ནུས་ཚད་གློག་ས་ཡ་ཝ་ཐི་15000ཙམ་ཟིན་གྱི་ཡོད། རྒྱལ་ཡོངས་འོད་ཕྲ་གློག་གཏོང་ནུས་ཚད་བསྡོམས་འབོར་ས་ཡ་ཝ་ཐི་43000ཟིན་ཡོད་པ་དང་། འཛམ་གླིང་ཐོག་འོད་ཕྲ་གློག་གཏོང་ནུས་ཚད་ཆེ་ཤོས་ཀྱི་འཇར་མན་ལས་མང་བ་ཆགས་ནས། རང་རྒྱལ་ནི་འོད་ཕྲ་གློག་གཏོང་ནུས་ཚད་ཆེ་ཤོས་ཀྱི་རྒྱལ་ཁབ་ཏུ་གྱུར་ཡོད། །

མིག་སྔའི་འཕེལ་རྒྱས་ཁྲོད། ནུས་ཁུངས་འགྲོ་སྒྲོན་འཕར་བ་དང་། ཁོར་ཡུག་སྲུང་སྐྱོང་དཀའ་ངལ། རྒྱུན་མཐུད་འཕེལ་རྒྱས་ཀྱི་དགོས་མཁོ་ཡིས། མིའི་རིགས་ལ་སྔར་འཕྲད་མྱོང་མེད་པའི་དཀའ་ངལ་དང་འགྲན་སློང་མང་པོ་འཕྲད་ཡོད། ཉི་ནུས་དང་། རྡོ་སོལ། རྡོ་སྣུམ་སོགས་རྒྱུན་སྲོལ་ནུས་ཁུངས་དང་ཉིང་རྟུལ་ནུས་ཚད་བསྡུར་ན། ཉི་ནུས་ལ་ཁྱབ་ཁོངས་ཆེ་བ་དང་། དྭངས་གཙང་ལྡན་པ། དུས་ཡུན་རིང་བ་སོགས་ཀྱི་ལེགས་ཆ་ལྡན་ཡོད། གལ་སྲིད་དཔལ་འབྱོར་དང་། སྐྱེ་དངོས། རྒྱལ་དམངས་ཕན་བདེ་དང་རྒྱལ་ཁབ་སྲིའི་འཆར་འགོད་སོགས་ཕྱོགས་ཡོངས་ནས་ཞིབ་འཇུག་བྱས་པར་གཞིགས་ན། དེ་དག་གི་འཚོལ་བསྡུ་དང་། བཟོ་བསྐྲུན། གསོག་འཛོག་གི་འགྲོ་གྲོན་ཆེ་བ་སོགས་ཀྱི་འགལ་རྐྱེན་མེད་པ་བཟོས་ན། ཉི་ནུས་རྒྱ་ཁྱབ་དང་། གཏིང་ཟབ་ཏུ་སྤྱོད་རྒྱུ་ནི་མིའི་རིགས་ཀྱི་སྤྱི་ཚོགས་ནུས་ཁུངས་དང་། ཁོར་ཡུག་བར་གྱི་འགལ་ཟླ་བདེ་བླག་ཏུ་སེལ་བའི་ལྡེ་མིག་ཅིག་ཀྱང་ཡིན། །

《ཉི་ནུས། གསེརམདོག་གི་ནུས་ཚད་》ཚན་རིག་ཁྱབ་སྤེལ་གྱི་དེབ་འདིའི་ནང་། གསོན་ཉམས་ལྡན་པའི་ངང་ཉི་ནུས་དང་འབྲེལ་ཡོད་ཀྱི་རིག་གནས་ལོ་རྒྱུས། ཚན་རྩལ་མི་སྣ། ཐོན་ཁུངས་བེད་སྤྱོད། ཉི་ནུས་གློག་གཏོང་སོགས་ཀྱི་འབྲེལ་ཡོད་ཤེས་བྱ་སོགས་ངོ་སྤྲོད་བྱས་ཡོད། དེབ་འདི་རི་མོ་དང་ཡི་གེ་ཟུང་འབྲེལ་གྱིས། དོན་ཟབ་ཅིང་གོ་སླ་བའི་ཐོག ཕྱོགས་ཡོངས་ནས་ཉི་ནུས་སྐོར་ཁ་གསལ་བརྗོད་འདུག ནུས་ཁུངས་ལ་ཐུགས་ཁུར་གནང་མཁན་ཞིག་ཡིན་ན་འང་འདྲ། གློག་ཤུགས་ལ་དགའ་ཞེན་བྱེད་མཁན་གྱི་གྲོགས་པོ་བློས་ཐུབ་བམ། ཡང་ན་སློབ་སྦྱོང་ལ་དགའ་ཞིང་བསམ་བློ་གཏོང་རྒྱུར་དགའ་བའི་གྲོགས་པོ་ཆུང་ཆུང་ཞིག་ཡིན་ནའང་འདྲ། དེབ་འདིའི་ནང་ནས་བློ་བསྐྱེད་ཅིག་ཐོབ་ངེས་རེད།།

ཧོང་ཆི་ལི་ནས།

སྤྱི་ལོ་2016ལོའི་ཟླ7པར།

# 前言

在浩瀚的宇宙中，太阳是离地球最近的恒星。科学家推算太阳寿命大约是100亿年，未来还能为地球继续服务50亿年。太阳是一个巨大而炽热的气体星球，这个庞然大物可以装下100万个地球。正是因为有了太阳，地球上的生命才得以孕育，低级生命才得以进化为高等生物，人类才得以发展出现代的科技与文明。

太阳是一个巨大、恒久、无尽的能量来源，它源源不断地以电磁波的形式向宇宙空间放射能量，地球所接收到的仅为太阳总辐射的22亿分之一，然而地球每秒钟接受的能量就相当于500万吨标准煤。这些来自太阳的辐射——太阳能，能够产生热，引起化学反应，或直接发电，对地球上的生命存在和维持地球表面的自然过程都极为重要。风能、水能、生物质能、海洋温差能、波浪能及部分潮汐能都来源于太阳。地球上的煤炭、石油等化石燃料，从根本上来说，也是远古以来储存下来的太阳能，可以说地球上绝大部分能源皆源自于太阳。

“长河落日圆”“白日依山尽”，中国古代诗歌描绘了太阳的雄奇壮美。在古中国、古印度、古埃及、古希腊和古印加帝国的文化中，深深地烙下了太阳崇拜的痕迹，这些地方也成为了太阳文化发源地。人类主动利用太阳能的历史源远流长，从取火的阳燧、计时的日晷，到太阳能光发电、热发电，太阳能汽车、飞机，太阳能建筑、采暖……人类对太阳能的利用已经进入了飞跃发展阶段，在21世纪，太阳能作为能源的吸引力正在不断增强。

2015年，我国新增光伏发电装机容量约15000兆瓦，全国光伏发电累计装机容量约43000兆瓦，超越德国成为全球光伏发电累计装机容量最大的国家。

在当前的发展中，能源消耗的增长、环境保护的压力、可持续发展的迫切需求，使人类遇到了前所未有的困难与挑战。与煤炭、石油等常规能源和核能相比，太阳能具有广泛性、清洁性、永久性等优势。如果能从经济、生态、国民福利和国家整体规划来全面研究考量，逐渐化解其收集、转换和储存技术和费用方面的不利因素，那么太阳能的广泛、深度利用必将成为解决人类社会能源与环境困境的一把关键“钥匙”。

《太阳能——金色的能量》这本科普书，生动地揭示了与太阳能有关的文化历史、科技人物、资源利用和太阳能发电相关知识。这本书图文并茂、深入浅出，可以说立体式地展现了有关太阳能的方方面面。我相信无论是关注能源、热心电力的“大朋友”，还是热衷学习、积极探索的“小朋友”，都能从本书中有所收获。

黄其励

2016 年 7 月

# མི་སྣ་གཙོ་བོ་ངོ་སྤྲོད།
# 主要人物介绍

## ལི་པིང་། 李斌

པེ་ཅིན་ནས་ཕེབས་པའི་བོད་སྐྱོར་ན་གཞོན་ལས་བྱེད་པ་དང་། ཉི་ནུས་བཀོལ་སྤྱོད་ལག་རྩལ་གྱི་བཟོ་བཀོད་པ་ཞིག་རེད། ཁོང་ནི་ཉི་མའི་རིག་གནས་དང་། ལོ་རྒྱུས། ཚན་རིག་ལག་རྩལ་སོགས་ཀྱི་ཤེས་རྒྱ་ཆེ་ཞིང་། སྤྱི་ཕན་དང་སློབ་གསོའི་ལས་དོན་ལ་དོ་འཁུར་ཆེ།

来自北京的青年援藏干部，研究太阳能应用技术的工程师。对关于太阳的文化、历史、科技知识都很了解，热心公益与教育工作。

## སྒྲོལ་མ། 卓玛

བོད་ལྗོངས་ཉི་ནུས་གློག་གཏོང་བབས་ཚུགས་ཀྱི་ན་གཞོན་བོད་རིགས་བཟོ་བཀོད་པ་ཞིག་ཡིན། ཉི་ནུས་གློག་གཏོང་ལག་རྩལ་གྱི་ཞིབ་འཇུག་པ་དང་། ཉི་ནུས་གློག་གཏོང་བཀོལ་སྤྱོད་དར་སྤེལ་གྱི་ལག་ཤེས་པ་ཞིག་ཡིན།

西藏太阳能电站的年轻藏族工程师，致力于太阳能光伏发电技术研发工作。

## དབྱངས་ཅན། 央金

བོད་ལྗོངས་སློབ་འབྲིང་ཞིག་གི་དགེ་རྒན་ཡིན་ལ། བཀྲིས་དང་གནམ་ཆུང་གི་འཛིན་དཔོན་ཡིན། ཁོང་ནི་གཤིས་ཀ་འཇམ་ཞིང་སློབ་མར་སྙིང་ཉེ།

西藏某中学的老师，小扎西和小朗琼的班主任，温柔善良，和蔼可亲。

## བཀྲ་ཤིས། 小扎西

བོད་ལྗོངས་སློབ་འབྲིང་ཞིག་གི་ལོ་རིམ་གཉིས་པའི་སློབ་མ་ཡིན། ཁོ་གྲུང་ཤ་དོད་ཅིང་འཚབ་འཚུབ་ཆེ། བསམ་གཞིགས་བྱེད་རྒྱུར་དགའ་ལ། ཚན་རིག་ལག་རྩལ་ལ་འང་དགའ་ཞེན་ཆེ། དྲི་བ་འདོན་པ་དང་དྲིས་ལན་བརྒྱབ་རྒྱུར་དགའ་པོ་ཡོད།

西藏某中学初二年级学生，活泼调皮，思维活跃，爱好科学技术，喜欢抢答和提问。

小扎西

小朗琼

## གནམ་རྒྱང་། 小朗琼

བོད་ལྗོངས་སློབ་འབྲིང་ཞིག་གི་ལོ་རིམ་གཉིས་པའི་སློབ་མ་ཡིན། སྤྱང་གྲུང་འཇོམས་ཤིང་གཅེས་སུ་རུང་། བློ་རྒྱ་ཆེ་ཞིང་འཚེར་སྣང་མེད། ལྟ་དཔྱད་ཞིབ་ཅིང་ཕྲ། ཚན་རིག་ལ་དགའ་ཞེན་ཆེ། དོགས་གནས་ཤེས་རྟོགས་བྱ་རྒྱུ་དང་། ཆོས་ཉིད་སྒྲིགས་སྡོམ་བྱེད་རྒྱུར་དགའ་པོ་ཡོད།

西藏某中学初二年级学生，聪明可爱，落落大方，观察细致，热爱科学，善于发现问题和总结规律。

# དཀར་ཆག

སྔོན་འགྲོ།

## ལེའུ་དང་པོ། ཚེ་སྲོག་གི་འབྱུང་ཁུངས།-----ཉི་མ།



## ལེའུ་གཉིས་པ། ལྷ་ན་སྡུག་པའི་འཇའ་ཚོན།----ཉི་ནུས་ཀྱི་ཐོན་ཁུངས་དང་བེད་སྤྱོད།

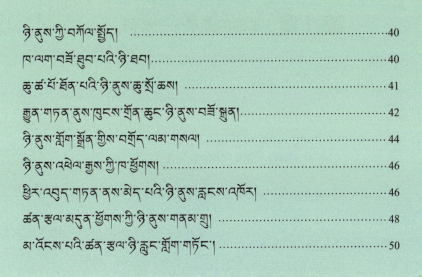

## ལེའུ་གསུམ་པ། འོད་ཟེར་གྱི་ཕོ་ཉ།--ཉི་ནུས་གློག་གཏོང་།

# 目录

## 第3章 光明的使者——太阳能发电

POLICE

ལེའུ་དང་པོ། ཚེ་སྲོག་གི་འབྱུང་ཁུངས།——ཉི་མ།

# 第 1 章 生命的源泉——太阳

བྱམས་སེམས་ཀུན་འགྲོའི་ཉི་མ།། 慈光普照的太阳
ཐམས་ཅད་བསྐྱེད་པའི་མ་ཡུམ།། 孕育万物的生长
མིའི་རིགས་དཔལ་གྱི་གཞི་རྩ།། 人类文明的原点
འགྲོ་དྲུག་འདྲེན་པའི་ཐུགས་འདུན།། 绵延万载的希望

# ཉི་འོད་གྲོང་ཁྱེར།
# 日光城

ལྷ་སའི་སློབ་འབྲིང་ཞིག་ནང་ཚན་རིག་ཁྱབ་སྤེལ་སློབ་གྲྭར་སླེབས་ཞེས་པའི་བྱེད་སྒོ་སྤེལ་བཞིན་ཡོད། པེ་ཅིན་ནས་ཕེབས་པའི་ན་གཞོན་བོད་སྐྱོར་ལས་བྱེད་བཟོ་བཀོད་པ་ལིས་པིང་ལགས་སློབ་མ་ཚོའི་བྱེད་སྒོའི་ནང་ཞུགས་ཏེ། སློབ་མ་ཚོར་ཚན་རིག་ལག་རྩལ་ཀུན་ཁྱབ་ཀྱི་སློབ་ཚན་ནུས་ཁུངས་ཀྱི་གཅེས་ནོར་གསར་པ་སྐྱེ་ཉི་ནུས་སྒྲིག་གཏོང་ཞེས་པའི་སློབ་ཚན་ཁྲིད་བཞིན་ཡོད།

འཛིན་དཔོན་དབྱངས་ཅན་ལགས་ཀྱིས་དེ་རིང་ཉི་ནུས་སྒྲིག་གཏོང་ལག་ལེན་དངོས་ཀྱི་སློབ་ཚན་ཞིག་ང་ཚོར་འཁྲིད་རྒྱུ་རེད། གཤམ་ལ་པེ་ཅིན་ནས་ཕེབས་པའི་བཟོ་བཀོད་པ་ལིས་པིང་ལགས་ནས་གསལ་འགྲེལ་བྱེད་རྒྱུ་རེད་ཅེས་གསུང་།

བཟོ་བཀོད་པ་ལིས་པིང་ལགས་སློབ་མ་ཚོའི་མདུན་དུ་ཕེབས་ནས། སློབ་མ་རྣམ་པ་ངས་བཏོན་པའི་དྲི་བ་དང་པོ་ནི་ང་ཚོ་ལྷ་སར་མིང་གཞན་དག་ཅིག་ཡོད་པ་དེ་གང་ཡིན་ནམ།

སློབ་མ་རྣམས་ཀྱིས་གྲོས་གཅིག་མཐུན་གྱིས་མགྲིན་གཅིག་ཏུ་ཉི་འོད་གྲོང་ཁྱེར་ཟེར་གྱི་ཡོད་ཅེས་ལན་བཏབ།

在拉萨一所中学里正在举办“科普进校园”活动，来自北京的青年援藏干部李斌工程师正为参与活动的同学们上一堂科学知识普及课——能源界的新宠：太阳能！

班主任央金对同学们说：“今天我们要上一堂关于太阳能发电的科学知识普及课，下面欢迎来自北京的李斌工程师为我们讲解！”

李斌工程师走到大家面前，首先问同学们：“我们拉萨的另一个名字叫什么？”

同学们异口同声地回答：“日光城！”

ལྷ་ས་ལ་ཉི་འོད་གྲོང་ཁྱེར་ཟེར་དོན་ཅི་ཡིན་ཟེར་ན། ལྷ་ས་ནི་ཆ་སྙོམས་མཚོ་འཕགས་ཚད་4000ཡོད་པའི་མཚོ་བོད་ས་མཐོའི་ཐོག་གནས་ཡོད་པ་དང་། འདིར་རླུང་ཁམས་ཆེན་མོའི་བང་རིམ་སྲབ་པ། གསལ་ཚད་མཐོ་ཞིང་། ཉི་འོད་ཐོག་པའི་དུས་ཚོད་རིང་བ། ལོ་གཅིག་ནང་ཆ་སྙོམས་ཉི་འོད་ཐོག་ཚད་ཆུ་ཚོད་3005དང་སྐར་མ་42ཟིན་པ་ནི་རྒྱལ་ཡོངས་ཞིང་ཆེན་དང་ས་ཁུལ་གཞན་ལས་མཐོ་བ་ཡོད།

为什么拉萨被称为日光城？这是因为拉萨位于平均海拔高度在 4000 米以上的青藏高原，这里大气层薄，透明度好，日照时间长，年平均日照时间为 3005.7 小时，超过了全国其他省区。

བོད་ཀྱི་ས་ཆ་མང་པོར་མི་རྣམས་ཀྱིས་ཉི་མར་དད་གུས་ཆེན་པོ་བྱེད་ཀྱི་ཡོད། ལྷག་པར་དུ་དགུན་ཁའི་དུས་སུ་བོད་མི་རྣམས་ཉི་མའི་འོག་ལ་སྐོར་སྐོར་བསྡད་ནས་ཇ་མངར་མོ་བཏུང་བ་དང་། རྩེད་མོ་ཁ་མཚར་བཤད་དེ། སྒེར་སེམས་བྲལ་བའི་བླ་མེད་ཉི་མའི་ལེགས་སྐྱེས་མྱོང་བཞིན་ཡོད། བོད་ཀྱི་ལོ་གསར་སླེབས་གྲབས་ཡོད་དུས། བོད་རིགས་མི་དམངས་ཆོས་མཛད་སྒོ་སྤེལ་བ་མ་ཟད། ཁྱིམ་དང་། སྦྲ་གུར། རྒྱ་སྒོ། དེ་བཞིན་ཅ་ལག་སྣ་ཚོགས་སྟེང་དུ་ཉི་མའི་བཟོ་དབྱིབས་བྲིས་ཏེ་བཀྲ་ཤིས་དགའ་སྟོན་མཚོན་ཐབས་བྱེད་ཀྱི་ཡོད།

小扎西说：“李老师，在藏语中太阳叫‘尼玛’。”

在藏区的许多地方，人们很崇拜太阳。冬季藏民们尤其喜欢围坐在温暖的阳光下，喝着甜茶，聊着天，感受着太阳无私的奉献。在藏历新年来临之际，藏民们举行庆祝仪式，还会在屋里、帐篷内、大门口及各种器物上画上太阳的图案，以求吉祥与喜庆。

ཁྱེད་ཚོ་སུས་ང་ལ་བཤད་ཐུབ། བོད་མི་རིགས་ཀྱི་གྱོན་ཆས་ཇོག་ཁྱད་ཆོས་མངོན་གསལ་ཆེ་ཤོས་དེ་གང་རེད་དམ།

你们能告诉我，藏族的民族服装最显著的特点是什么呢？

དེ་ངས་ཤེས་ཀྱི་ཡོད། ངའི་ཨ་ཕའི་གྱོན་པ་ནི་ངའི་རྨོ་ལགས་ཀྱིས་ལག་བཟོ་བྱས་པའི་བོད་གོས་རེད། གནམ་གཤིས་ཚ་བའི་སྐབས་ཕུ་ཐུང་གཅིག་གྱོན་ན་འགྲིག ཡང་སྐབས་རེ་ཉིན་གུང་ཏུ་ཅང་ཚ་དྲོད་ཆེ་སྐབས་ཕུ་ཐུང་གཉིས་ཀ་གྱོན་གྱིན་མེད།

这个我知道。我阿爸穿的就是我奶奶亲手缝制的藏装。在天气热时，可以只穿一只袖子，有的时候在中午特别热时两只袖子都不穿。

བཀྲིས་ཀྱིས་བཤད་པ་འགྲིག་སོང་། ཁྱེད་ཚོའི་གོས་གྱོན་སྟངས་ཀྱང་ཉི་མ་དང་འབྲེལ་བ་འདུག་ཨང་།

小扎西说得对，你们穿衣服的方式也和太阳有关呢。

# ཉི་མའི་གཏམ་རྒྱུད།

# 太阳的传说

## 知识链接 ཤེས་བྱ་ལྷུང་འདྲེན།

ཧའུ་ཡིད་ཡིས་ཉི་མར་མདའ་བརྒྱབ་པའི་ལྷ་སྒྲུང་ནི་ཀྲུང་གོའི་གནའ་རབས་ཀྱི་རིག་གནས་བསྟན་བཅོས་རྩ་ཆེན་《རི་མཚོའི་བསྟན་བཅོས་》སོགས་ཀྱི་ནང་འཁོད་ཡོད།

ཧའུ་ཡིད་ནི་ཀྲུང་གོའི་ལྷ་སྒྲུང་ནང་གི་ཉི་མར་མདའ་བརྒྱབ་མཁན་གྱི་དཔའ་བོ་ཞིག་ཡིན། གནའ་སྔ་མོ་ཡའོ་ཞེས་པས་སྲིད་བསྐྱངས་པའི་དུས་སྐབས་ནང་། ནམ་མཁར་ཉི་མ་བཅུ་དུས་གཅིག་ལ་ཤར་བས་ཉི་མ་ནུབ་ཀྱི་མེད། ས་གཞི་ནི་མེ་ཐབ་ཅིག་དང་འདྲ་བས་རྩྭ་དང་རྩི་ཤིང་དག་ཀྱང་སྐམ་པོར་གྱུར། དམངས་ལ་བདེ་སྐྱིད་བསྐྱུན་ཆེད། ཧའུ་ཡིད་ཡིས་མདའ་བརྒྱབ་ནས་ཉི་མ་དགུ་བསད། བསད་པའི་ཉི་མ་དེ་དག་ནི་གནམ་རྒྱལ་པོའི་བུ་དགུ་པོ་ཡིན་པས། གནམ་རྒྱལ་པོ་ཁོང་ཁྲོ་ལངས་ཏེ་ཧའུ་ཡིད་མི་ཡུལ་དུ་གནས་དབྱུང་བཏང་། རྗེས་སུ་མི་རྣམས་ཀྱིས་ཧའུ་ཡིད་ཀྱི་མཛད་རྗེས་ལ་དྲན་གསོ་བྱ་ཕྱིར། ཧའུ་ཡིད་ལྷ་རུ་བཀུར་ནས་མཆོད་འབུལ་ཞུ་གི་ཡོད།

**后羿射日的传说出自中国上古文化珍品《山海经》等著作中。**

后羿，中国神话中的射日英雄。传说在尧做国君的时代，10 个太阳同时升起、不再落下，大地如同火炉，草木纷纷枯萎。后羿为了营救百姓用弓箭射杀了 9 个太阳。被射杀的太阳是天帝的 9 个儿子，后羿因此被发怒的天帝贬斥人间。后人为了纪念后羿为民除害的伟大功绩，尊其为“宗布神”。

ཉི་མའི་དང་འབྲེལ་བའི་ལྷ་སྒྲུང་མང་པོ་ཡོད། གནའ་དུས་སུ་ཉི་མར་དད་པ་བྱེད་མཁན་ས་ཕྱོགས་གང་སར་ཁྱབ་ཡོད། འཛམ་གླིང་ཐོག་ཉི་མར་དད་པ་བྱེད་མཁན་དང་ཉི་མའི་རིག་གནས་ཀྱི་འབྱུང་ས་ཆེ་བ་ལྔ་ཡོད། དེ་དག་ནི་གནའ་དུས་ཀྱི་ཀྲུང་གོ་དང་། རྒྱ་གར། ཨེ་ཇིབ། གྲི་རི་སི། མེ་གླིང་ལྷོ་མའི་དབྱིན་ཅ་གོང་མའི་རྒྱལ་ཁབ་བཅས་ཡིན་ཞིང་། དེ་དག་གིས་ཉི་མ་ལྷ་ལ་བཀུར་བ་དང་། ཉི་མས་མིའི་རིགས་ལ་ཡོད་ཚད་གནང་བར་ངོས་འཛིན་གྱི་ཡོད།

སྤྱི་ལོ་སྔོན་གྱི་དུས་རབས་14པར་གནའ་དུས་ཀྱི་ཨེ་ཇིབ་ཀྱིས་ཉི་མ་ནི་ཨ་ཐུན་ལྷ་ལ་བཀུར་གྱི་ཡོད།（ཨ་ཐུན་ཅེས་པ་ནི་ཉི་མ་དམར་པོ་ལ་ཟེར）མི་རྣམས་ཀྱིས་དུས་ཡུན་ངེས་ཅན་ཞིག་ནང་ཉི་མ་ནི་འགྲན་མེད་ཀྱི་ལྷ་གཅིག་པུར་ངོས་འཛིན་ཞིང་། ད་ལྟའང་ཨེ་ཇིབ་ཀྱི་བཟོ་སྐྲུན་བརྐོས་རིས་དང་ལྡེབས་རིས་ཐོག་དེའི་གཟུགས་དབྱིབས་ཀྱང་མ་ཉམས་པར་མཐོང་རྒྱུ་ཡོད།

关于太阳的神话还有很多呢。太阳崇拜在古代非常普遍，世界上共有五大太阳崇拜地和太阳文化发源地，分别是古中国、古印度、古埃及、古希腊和南美洲的古印加帝国，大家都尊太阳为神，认为是太阳赐予了人类一切！

早在公元前 14 世纪的古埃及，太阳被尊为“阿吞神”（阿吞就是指“一轮红日”），人们曾一度将其奉为绝对、唯一的神。直到现在，在埃及的建筑雕刻和壁画上仍能看到它的身影。

དབྱིན་ཅ་རྒྱལ་པོའི་གསེར་གྱི་འགྲོགས་ཁྲི།
印加国王的黄金轿辇　行者梦野　摄

མེ་གླིང་ལྷོ་མའི་གནའ་དུས་ཀྱི་ཤོད་རྒྱུན་ནང་དབྱིན་ཏེ་ཨན་མི་རིགས་ནི་ལས་ལ་བརྩོན་ཞིང་དཔའ་ངར་ལྡན་པས། ཁོང་ཚོར་ཉི་མའི་ལྷ་དགའ་མགུ་ཡི་རངས་ཏེ་གསེར་གྱི་ཐོང་གཤོལ་དང་གསེར་གྱི་ས་བོན་གནང་། དེར་བརྟེན། གནའ་དུས་ཀྱི་དབྱིན་ཏེ་ཨན་མིས་ཉི་མ་ནི་ལྷ་ཡོངས་ཀྱི་གྲལ་མགོར་འཛོག་གི་ཡོད། ཞོགས་པའི་ཉི་གཞོན་འཕྲོས་པ་དང་། མི་རྣམས་ཀྱིས་ཉི་མར་ཁ་གཏད་དེ་ཕྱག་འཚལ། སྨོན་ལམ་བརྒྱབ་ཀྱི་ཡོད། ཉི་མ་བཞུད་སྐབས། ཁོ་ཚོས་ཁ་བྲལ་ཐབས་མེད་པའི་བརྩེ་སེམས་རབ་ཏུ་བཅངས་ནས་ཉི་མ་རྒྱ་མཚོར་མ་ནུབ་བར་མིག་གིས་སྐྱེལ་མ་བྱེད་ཀྱི་ཡོད།

དུས་རབས་11པར་དབྱིན་ཏེ་ཨན་ཚོ་པ་ཞིག་ཉི་མའི་བུ་ཕྲུག་ཅེས་པའི་རྨར་ཁ་・ཧྲ་ཁེ་ཡི་འགོ་ཁྲིད་འོག་ཁོའོ་སྐྲི་ཁིའི་གྲོང་ཁྱེར་ལྟེ་བ་བྱས་ཏེ། འཛམ་གླིང་ཐོག་སྙན་གྲགས་ཆེ་བའི་དབྱིན་ཅ་གོང་མའི་རྒྱལ་ཁབ་བཙུགས་པ་རེད།

在南美洲，传说古印第安人的勤劳和勇敢感动了太阳神，被赐予金犁和金色的种子。因此，古印第安人将太阳神视为众神之首。每当晨曦初露，他们便向初升的旭日朝拜，祈求赐予；黄昏日暮，他们则怀着依依惜别的心情，目送夕阳入海。

公元 11 世纪，一个印第安部落在“太阳之子”曼科・卡帕克的率领下，以库斯科为中心建立了举世闻名的印加帝国。

## 知识链接　ཤེས་བྱ་ལྷུང་འབྲེལ།

དབྱིན་ཅ་གོང་མའི་རྒྱལ་ཁབ་ནི་དུས་རབས་11ནས་16བར་གྱི་སྐབས་མེ་གླིང་གི་གནའ་རབས་གོང་མའི་རྒྱལ་ཁབ་ཅིག་ཡིན། དབྱིན་ཅ་ཞེས་པ་ནི་ཉི་མའི་གདུང་རྒྱུད་ལ་གོ་དགོས། ཉི་མ་ནི་དབྱིན་ཅ་གོང་མའི་རྒྱལ་ཁབ་ཀྱི་སྲུང་མ་ཡིན། ད་ལྟའི་བར་ས་གནས་དེ་གའི་མི་རྣམས་ཀྱིས་ལོ་ལྟར་ཉི་མའི་དུས་ཆེན་ནང་ཉི་མར་མཆོད་འབུལ་བྱེད་སྲོལ་ཡོད། དབྱིན་ཅ་གོང་མའི་རྒྱལ་ཁབ་ནི་མེ་གླིང་ལྷོ་མའི་ཨམ་ཏི་སིའི་རི་རྒྱུད་ལྟེ་བའི་ས་ཁུལ་དུ་གནས་ཡོད་ཅིང་། དེའི་རྒྱལ་སའི་མངའ་ཁོངས་ནི་ད་ལྟའི་མེ་གླིང་ལྷོ་མའི་པེ་རུ། ཨེ་ཁྭ་ཏོར། ཁོ་ལོམ་བི་ཡ། པོ་ལི་ཝི་ཡ། ཆི་ལི། ཨ་གེན་ཐིན་ཕྱོགས་སུ་ཡིན།

印加帝国是 11 世纪至 16 世纪时位于美洲的古老帝国，“印加”意为“太阳的后裔”，而太阳成为印加帝国的守护神。时至今日，当地人每年还要祭拜太阳。印加帝国的中心区域分布在南美洲的安第斯山脉上，其版图大约是今日南美洲的秘鲁、厄瓜多尔、哥伦比亚、玻利维亚、智利、阿根廷一带。

# ཉི་མའི་ངང་བཞིན།

# 真实的太阳

ལྷ་སྒྲུང་ཉན་ཚར་སོང་། ད་ནི་ངས་ཉི་མ་ཡང་སྙིང་གང་འདྲ་ཞིག་ཡིན་པ་ཁྱེད་ཚོར་བཤད་རྒྱུ་ཡིན།

听完了神话故事，现在我来给大家讲讲真实的太阳是什么样的。

ཉི་མའི་ཚངས་ཐིག་ལ་ཁྲི་སྟོང་སྨིད་139. 2ཡོད་ཅིང་ས་གོ་ལའི་ཆ་སྙོམས་ཚངས་ཐིག་ལ་སྟོང་སྨིད་12742ལས་མེད། ཉི་མའི་ཚངས་ཐིག་གི་རིང་ཚད་དེ་ས་གོ་ལའི་ལྡབ་109ཡིན། དངོས་པོའི་གྲངས་ཚད་ནི་ས་གོ་ལའི་ལྡབ་ཁྲི་33ཡིན། རྫས་འགྱུར་གྱི་གྲུབ་ཆའི་ཐོག་ནས་བཤད་ན། ད་ལྟ་ཉི་མའི་དངོས་པོའི་གྲངས་ཚད་ཀྱི་བཞི་ཆ་གསུམ་ཙམ་ཆིང་གིས་ཟིན་པ་དང་། དེ་མིན་ཕལ་ཆེར་ནི་ཧེལ་རེད། དེའི་ནང་གསོ་རླུང་། སོལ། ནེན། ལྕགས་སོགས་འབྱུང་རྒྱུའི་རིགས་གཞན་རྣམས་ཀྱི་དངོས་པོའི་གྲངས་ཚད་ཀྱིས་2%ལས་ཟིན་གྱི་མེད། དེའང་ཉིང་འདུས་འགྱུར་བེད་སྤྱད་ནས་བར་སྣང་དུ་འོད་དང་དྲོད་ཚད་གཏོང་གི་ཡོད།

太阳的直径为 139.2 万千米，而地球平均直径仅为 12742 千米，太阳的直径约为地球直径的 109 倍，质量是地球的 33 万倍。现在太阳质量的大约四分之三是氢，剩下的几乎都是氦，包括氧、碳、氖、铁在内的其他元素质量少于 2%，通过核聚变的方式向太空释放光和热。

## 知识链接 ཤེས་བྱ་ཞུང་འབྲེན།

སྙིང་འདུས་འགྱུར་ཟེར་བ་ནི་གཞི་རྒྱུ་ཡང་མོ་དག་ཕན་ཚུན་སྙིང་འགྱུར་འབྱུང་དབང་གིས།གཞི་རྒྱུ་ལྗིད་བ་ཆགས་པའི་བརྒྱུད་རིམ་ཞིག་རེད། ཉི་མའི་ནང་ངོས་སུ། དྲོད་ཚན་དང་གནོན་ཤུགས་ཆེན་པོའི་ཆ་རྐྱེན་འོག་ཆིང་དང་སྙིང་གཉིས་ཕན་ཚུན་གནོད་གཏུག་བརྒྱབ་སྟེ། མཉམ་དུ་འདྲེས་ནས་བརྟན་བརྟིང་ཧེལ་སྙིང་ཆགས་པ་རེད། ཧེལ་སྙིང་གི་སྤུས་ཚད་སྔར་ཚད་ནི་མཉམ་འདྲེས་མ་བྱུང་གོང་ལས་ཆུང་ཆུང་བ་ཡོད། སྤུས་ཚད་ལྷག་མ་རྣམས་ནུས་ཚད་ཀྱི་རྣམ་པ་ཐོན་གྱི་ཡོད་ཅིང་། ཉི་མས་སྐར་ཆ་རེར་ཏུན་ཁྲི་500ཡི་དངོས་རྫས་ནུས་ཚད་ལ་བསྒྱུར་གྱི་ཡོད། དེ་ཉི་མའི་སྤྱི་འབོར་སྤུས་ཚད་ངོས་ནས་བཤད་ན་སྣ་རིན་མེད་པ་ཞིག་རེད།

核聚变是指轻元素之间发生核反应而形成较重元素的过程。在太阳内部，强热和高压条件下，氢核之间相互碰撞并彼此合并而形成稳定的氦核。氦核的质量比合并前的两氢核的质量略小，多余的质量就作为能量释放出来。太阳每秒钟将 500 万吨物质转化成能量，对于太阳总质量来说，这几乎是可以忽略不计的。

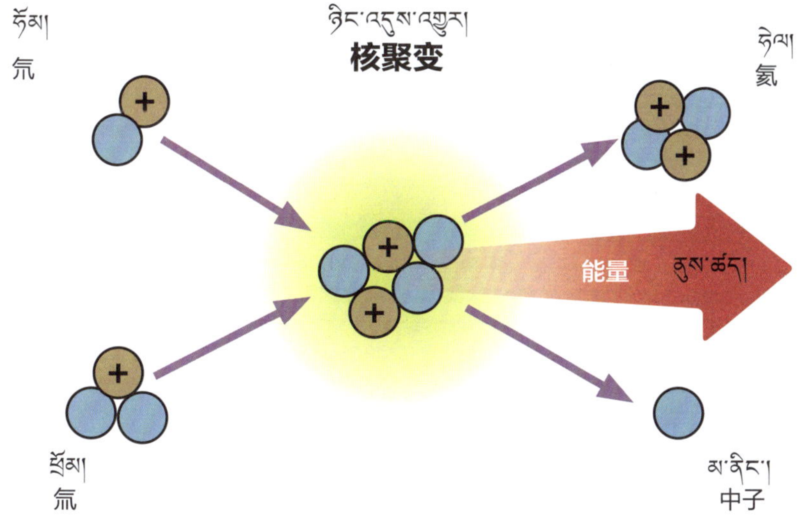

ཉི་མའི་གྲུབ་ཚུལ་ལ་ནང་ནས་ཕྱི་བར་རིམ་པ་འགའ་ཡོད་དེ། དཀྱིལ་གྱི་ཆ་ཤས་དེར་ལྟེ་བའི་ཁུལ་ཟེར། ལྟེ་བའི་ཕྱི་ནི་ཟེར་འཕྲོའི་བང་རིམ་ཡིན། ཟེར་འཕྲོའི་བང་རིམ་ཕྱི་ནི་གཏད་རྒྱུག་བང་རིམ་ཡིན། གཏད་རྒྱུག་བང་རིམ་ཕྱི་ནི་ཉི་མའི་རླུང་ཁམས་ཆེན་མོ་ཡིན། ཉི་མའི་རླུང་ཁམས་ཆེན་མོ་ལ་ནང་ནས་ཕྱི་ལ་དབྱེ་ན་འོད་ཟླུམ་བང་རིམ་དང་། ཉི་མའི་འོད་སྐོར་བང་རིམ་དང་ཉི་རྣ་བཅས་ཡོད།

ཉི་མའི་ཚེ་ཚད་ནི་ཧ་ལམ་ལོ་དུང་ཕྱུར་100ཙམ་ཡིན་པ་དང་། ད་བར་ལོ་དུང་ཕྱུར་50ཕྱིན་ཟིན་པས་ཉི་མ་ནི་བརྟན་ཞིང་རྒྱས་པའི་དར་མའི་དུས་ཤིག་ཡིན།

太阳的结构从里到外分为几个层次，中心部分叫核心区，核心区之外是辐射层，辐射层之外为对流层，对流层之外是太阳大气，太阳大气从里向外又可分光球层、色球层和日冕层等。

太阳的寿命大约是100亿年，目前已经度过了50亿年，所以太阳现在正处于稳定而旺盛的“中年期”。

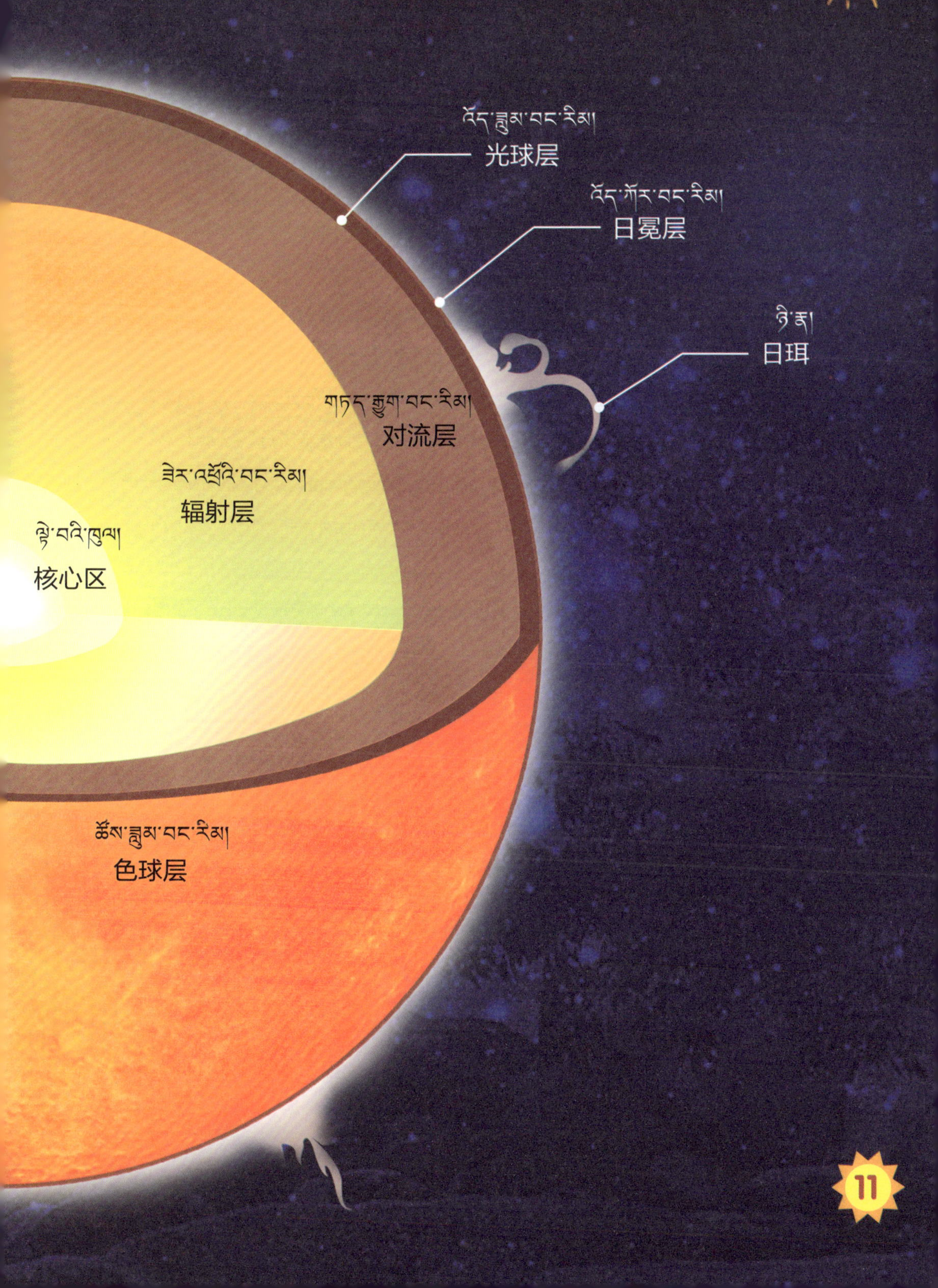
འོད་ཟླུམ་བང་རིམ།
光球层
འོད་སྐོར་བང་རིམ།
日冕层
ཉི་རྣ།
日珥
གཏད་རྒྱུག་བང་རིམ།
对流层
ཟེར་འཕྲོའི་བང་རིམ།
辐射层
སྙིང་བའི་ཁུལ།
核心区
ཚོས་ཟླུམ་བང་རིམ།
色球层

## 知识链接 ཤེས་བྱ་ལྷུང་འདྲེན།

ལྟེ་བའི་ཁུལ་དུ་ཉིང་འདུས་འགྱུར་གྱི་འགྱུར་འབྱུང་བྱེད་ཀྱི་ཡོད། དངོས་རྫས་ཀྱི་སྟུག་ཚད་ཧ་ཅང་མཐོ་བ་དང་། དྲོད་མཐོ་གནོན་ཤུགས་ཆེན་པོའི་སྣང་གནས་ཀྱི་ཡོད། དེའི་ནུས་ཚད་ཀྱིས་ཉི་མའི་སྤྱིའི་ཟེར་འཕྲོ་ཚད་90%ཟིན་ཡོད།

ཟེར་འཕྲོའི་བང་རིམ་ནི་སྟུག་ཚད་ཉི་མའི་ཕྱེད་ཚངས་ཐིག་གི་ཕྱེད་ཀ་ཡོད་ཅིང་། ལྟེ་བའི་ཁུལ་དུ་ཉིང་འདུས་འགྱུར་གྱི་འགྱུར་འབྱུང་བྱུང་ནས་ཐོན་པའི་ནུས་ཚད་གསོག་ལེན་བྱས་ཏེ། སླར་ཡང་ཟེར་འཕྲོ་འཕྲོ་གི་ཡོད།

གཏད་རྒྱུག་བང་རིམ་ནི་འོད་ཟླུམ་བང་རིམ་འོག་གི་བང་རིམ་ཡིན། དངོས་རྫས་དག་ཕྱི་རོལ་དང་ནང་རོལ་དུ་གཏད་རྒྱུག་བྱེད་བཞིན་དེས་ཉི་མའི་ནང་ངོས་ཀྱི་ནུས་ཚད་ཕྱིར་འདོན་གྱི་ཡོད།

འོད་ཟླུམ་བང་རིམ་ནི་ཚོས་ཟླུམ་བང་རིམ་ནི་ཉི་མ་དང་རླུང་ཁམས་ཆེན་པོའི་དབར་གྱི་བང་རིམ་ཡིན།འོད་ཟླུམ་བང་རིམ་གྱི་སྟེང་ལ་གནས་ཡོད། སྟུག་ཚད་སྟོང་རྫིད་2000ཙམ་ཡོད།

འོད་སྐོར་བང་རིམ་ལ་དངུལ་དཀར་གྱི་འོད་ཟེར་ཡོད། དེའི་གསལ་ཚད་ནི་ཟླ་བའི་གསལ་ཚད་ཀྱི་ཕྱེད་ཀ་ལས་མེད་པས། མིའི་མིག་གིས་མཐོང་མི་ཐུབ། དེའི་ཆེ་ཆུང་དང་གྲུབ་ཚུལ་བཟོ་དབྱིབས་ལ་ཉི་མའི་ཁྲུད་ཁམས་ཀྱིས་ཤུགས་རྐྱེན་བར་མེད་ཐེབས་ཀྱི་ཡོད།

ཉི་རྩ་ནི་ཧ་ཅང་ཚ་བའི་གློག་གྱེས་རླུང་གཟུགས་སྤྲིན་ལྟར་གནས་པ་ཞིག་ཡིན་ཞིང་། ཁྲི་སྟོང་རྫིད་བཅུ་ཕྲག་བར་རིང་དུ་གཏོང་ཐུབ། ཉི་རྩ་འགྱུལ་སྐྱོད་དུས་ཚོད་ནི་སྐར་མ་ཁ་ཤས་ནས་ཆུ་ཚོད་འགའི་བར་རྒྱུན་མཐུད་བྱེད་པ་དང་། ཉི་རྩ་ཞི་འཇགས་དུས་ཚོད་ཀྱང་ཟླ་བ་འགའ་རྒྱུན་མཐུད་དང་གནས་ཐུབ།

核心区，核聚变反应在这里发生，物质密度非常高，处于高温高压状态，其能量占太阳辐射总能量的 90%。

辐射层，厚度达到太阳半径的一半，核心区核聚变反应所产生的能量被吸收、又再次辐射出去。

对流层，光球层之下的层次，物质呈现内外部对流的状态，将太阳内部的能量传输出来。

光球层，太阳最表面的层次，厚度约 400 千米，到达地 球的太阳光大部分由光球发出。

色球层，太阳大气中间的一层，位于光球层之上，厚度约为 2000 千米。

日冕层，呈现银光色的光芒，其亮度只有月球亮度的一半，无法被肉眼看到， 大小、结构和形状不断受到太阳磁场的影响。

日珥，炽热的电离气体云状，能延伸至几十万千米，活动日珥喷发时间持续几分钟到几小时，宁静日珥喷发可以持续几个月。

ཡངས་ཤིང་རྒྱ་ཆེ་བའི་འཇིག་རྟེན་སྟེང་། ཉི་མ་ནི་ང་ཚོ་དང་ཐག་ཉེ་ཤོས་ཀྱི་བརྟན་སྐར་ཞིག་ཡིན། ཉི་མ་དང་ས་གོ་ལའི་བར་ཐག་ཧ་ཅང་རིང་པོ་ཡོད་ཅིང་། རིང་ཚད་དུང་ཕྱུར་སྟོང་རྫིད་1དང་ཕྱེད་ཀ་ཙམ་ཡོད། འོད་རྒྱུ་བའི་མགྱོགས་ཚད་ནི་སྐར་ཆ་རེར་ཁྲི་སྟོང་རྫིད་30ཡིན་པ་དང་། ང་ཚོས་ས་གོ་ལ་ནས་མཐོང་བའི་ཉི་མའི་འོད་ཟེར་ནི་སྐར་མ་8དང་སྐར་ཆ་19སྔོན་དུ་ཉི་མ་ལས་འཕྲོས་པ་ཞིག་གོ

ཉི་མ་དང་ས་གོ་ལའི་དབར་བར་ཐག་ཧ་ཅང་རིང་པོ་ཡོད་པས། བར་ཁམས་མང་ཆེ་ཤོས་ནི་སྟོང་ཁྱུང་ཁུལ་ཡིན། ཉི་ནུས་ཟེར་འཕྲོའི་འཕྲོ་སྣངས་ལས་ནུས་ཚད་བརྒྱུད་སྐྱོད་བྱེད་ཀྱི་ཡོད།

在浩瀚的宇宙中，太阳是离地球最近的恒星。其实太阳距离地球相当遥远，约 1.5 亿千米。光每秒钟的传播速度为 30 万千米，在地球上看到的太阳光线是 8 分 19 秒之前从太阳发出的。

由于太阳与地球的距离十分遥远，因此在这个距离中，绝大部分的空间都是真空地带，太阳光只能用辐射的形式传递能量。

དུས་རབས་17པའི་སྔོན་ལ་མི་རྣམས་ཀྱིས་ཉི་མའི་འོད་ཟེར་ནི་དཀར་པོ་ཡིན་པར་ངེས་འཛིན་ཁོ་ན་བྱེད། སྤྱི་ལོ་1666ལོར་དབྱིན་ཇིའི་དངོས་ཁམས་རིག་པ་མཁས་ཅན་ཉིའུ་ཏུན་གྱིས་འོད་ཀྱི་ཁ་དོག་དབྱེ་བར་ཉམས་ཞིབ་བྱས་ཏེ། ཉི་མའི་འོད་ཟེར་གྱི་གསང་བ་དེ་གཞི་ནས་བཀྲོལ་བ་རེད། ཉིའུ་ཏུན་གྱིས་ཉི་མའི་འོད་ཤེལ་ཟུར་གསུམ་མའི་ཀྱོག་འཕྲོ་བརྒྱུད་ནས་ཁ་དཀར་འོད་པང་ཐོག་འཕྲོ་རུ་བཅུག་པས། ཉི་མའི་འོད་ཟེར་མཐོང་རྒྱུ་ཡོད་པ་ནི་དམར། ལི། སེར། ལྗང་། སྔོ། སྔུག མཐིང་སོགས་སྣ་ཁ་མི་འདྲ་བ་ཡིན་པ་རྟོགས། དེ་ནས་བཟུང་མི་རྣམས་ཀྱིས་ང་ཚོས་མཐོང་བའི་འོད་ཟེར་དཀར་པོ་དེ་ནི་མཛེས་པའི་ཁ་དོག་བདུན་ལས་གྲུབ་པ་ཤེས་སོ།

17 世纪前，人们一直认为太阳光是白色的。直到 1666 年，英国物理学家牛顿通过光的色散实验，才揭开了太阳光颜色的秘密。牛顿让一束太阳光，通过三棱镜折射后投到白色光屏上，太阳光中的可见光部分被分散成红、橙、黄、绿、蓝、靛、紫连续分布的彩色光谱，从此人们知道肉眼看到的“白光”是由美丽的“七色光”组成的。

དེ་ལྟར་མ་ཟད། ཉིའུ་ཏུན་གྱིས་ཉམས་ཞིབ་དང་རྩིས་རྒྱག་བྱས་པ་བརྒྱུད། མཇུག་འབྲས་གཅིག་ཐོབ་པ་སྟེ། ཁ་དོག་བདུན་གྱི་ནང་ནས་དམར་པོ་དང་། ལྗང་ཁུ། སྔོན་པོ་གསུམ་མཉམ་དུ་མི་འདྲེས། ཁ་དོག་གཞན་རྣམས་མང་ཉུང་མི་འདྲ་བའི་འོད་མི་འདྲ་བ་གསུམ་མཉམ་བསྲེས་བྱས་པ་ལས་གྲུབ་པས། དམར། ལྗང་། སྔོ་གསུམ་ལ་འོད་ཀྱི་རྩ་བའི་ཁ་དོག་ཟེར། རྩ་བའི་ཁ་དོག་ལ་རྨང་གཞིའི་ཁ་དོག་ཀྱང་ཟེར། དེ་ནི་ཁ་དོག་གཞན་རྣམས་བསྒྲིགས་བྱེད་ཀྱི་རྨང་གཞི་ཡིན། རྨང་གཞིའི་ཁ་དོག་ནི་དྭངས་ཤོས་དང་། གཙང་ཤོས། མཛེས་ཤོས་ཡིན། དེ་དག་མཉམ་བསྲེས་བྱས་པ་བརྒྱུད། ཁ་དོག་གཞན་མང་ཆེ་བ་བསྒྲིགས་ཐུབ་པོ།

不仅仅如此，牛顿通过实验和计算，还得出了一个结论：七种色光中只有红、绿、蓝三种色光无法被合成，而其他色光均可由这三种色光以不同比例合成得到。于是红、绿、蓝被称为“光的三原色”。所谓原色，又称“基色”，是指用来调配其他色彩的基本色，基色的色纯度最高、最纯净、最鲜艳，经过混合后，可以调配出绝大多数色彩。

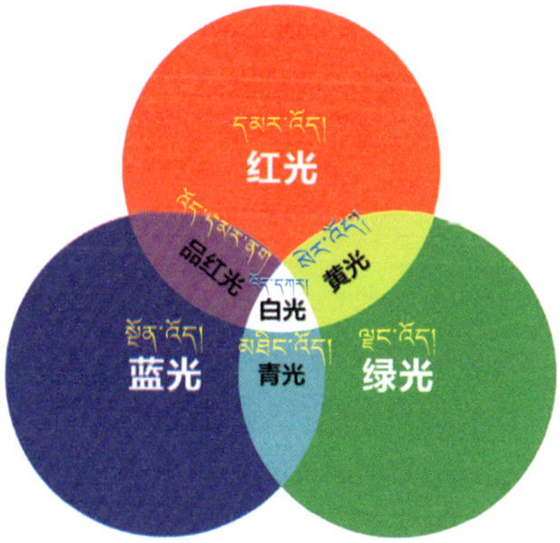


tips

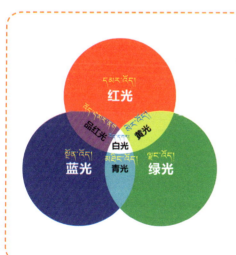

དམར་འོད། + ལྗང་འོད།=སེར་འོད།

ལྗང་འོད། + སྔོན་འོད།=མཐིང་འོད།

དམར་འོད། + སྔོན་འོད།=འོད་དམར་ནག

དམར་འོད། + སྔོན་འོད། + ལྗང་འོད།=འོད་དཀར།

红光 + 绿光 = 黄光

绿光 + 蓝光 = 青光

红光 + 蓝光 = 品红光

红光 + 绿光 + 蓝光 = 白光

# ཉམས་ཞིབ་ཆུང་ངུ།

## ཉིའུ་ཏུན་གྱི་ཁ་དོག་ཉམས་ཞིབ་རང་གིས་བྱེད་པ།

# 小实验

## 还原牛顿色散实验

**ཉམས་ཞིབ་ཀྱི་ཡོ་བྱད།**
**实验器材：**

ཤེལ་ཕོར། ཆུ། ཤོག་དཀར།
玻璃杯、水、白纸

**ཉམས་ཞིབ་ཀྱི་གོ་རིམ།**
**实验步骤：**

01 ཆུ་ཤེལ་ཕོར་གང་ཉི་འོད་ཕོག་པའི་སྒེའུ་ཁུང་ཐོག་ཏུ་བཞག
将一杯清水放在阳光能照射到的窗台上。

02 ཤོག་དཀར་ཞིག་ཆུའི་ཤེལ་ཕོར་འོག་ལ་བཏིང་།
把一张白纸铺在杯子下面。

03 ཆུ་བླུགས་པའི་ཤེལ་ཕོར་དང་ཤོག་དཀར་དབར་གྱི་ཁ་ཕྱོགས་ག་ལེར་བཙེས་ནས་ཉི་འོད་དེ་ཆུ་ཕོར་ནས་ཤོག་དཀར་སྟེང་དུ་ཕོག་པ་བྱས།
慢慢调整水杯与白纸的位置，使阳光能透过水杯射到白纸上。

04 ཁ་ཕྱོགས་ཏག་ཏག་འགྲིག་རྗེས་ཤོག་དཀར་ཐོག་ཚོན་ཁྲ་ཅན་གྱི་འོད་ཐོན་པ་མཐོང་ཐུབ།
位置调整好后，就会发现在白纸上出现了彩色的光带。

## ཤེས་བྱ་ཟུང་འབྲེལ།

ཨར་སྐ་ཁེ་ · ཉིའུ་ཏུན་ (1643ལོའི་ཟླ་1པོའི་4ནས་1737ལོའི་ཟླ་3པའི་31བར) དབྱིན་ཇིའི་སྣན་གྲགས་ཆེ་བའི་དངོས་ཁམས་རིག་པ་མཁས་ཅན། རྩིས་རིག་པ། དབྱིན་ཇིའི་རྒྱལ་ཚང་རིག་གཞུང་སློབ་ཚོགས་ཀྱི་ཚོགས་གཙོ་ཡིན། ཤུགས་རིག་ཐད་ལ་འགུལ་སྐྱོད་ཆེན་པོ་གསུམ་གྱི་ཆོས་ཉིད་བཏོན། ཀུན་ལྡན་འཐེན་ཤུགས་ཀྱི་ཆོས་ཉིད་གསལ་བཤད་གནང་། འོད་རིག་ཐད་ལ་ཁ་དོག་སྣང་ཚུལ་འོད་ཀྱི་ཚན་རིག་ཁྱབ་ཁོངས་སུ་བཞག། འོད་དཀར་གྱི་གྲུབ་ཚུལ་རྙེད་དེ། དེང་རབས་དངོས་ཁམས་འོད་འཕྲོ་རིག་པའི་རྨང་གཞི་བཏིང་། ཡང་རྩིས་ཐད་ལ་ཆ་ཕྲན་བསགས་རིག་པ་གསར་གཏོད་གནང་།

## 知识链接

艾萨克·牛顿（1643 年 1 月 4 日—1727 年 3 月 31 日），英国物理学家、数学家，英国皇家学会会长。在力学方面，提出了三大运动定律，表述了万有引力定律。在光学方面，将颜色现象纳入了光的科学范畴，发现了白光的组成，建立了现代物理光学的基础。在数学方面，首创了微积分学。

# ཉི་མའི་ནུས་པ།
# 太阳的作用

ཉི་མས་ས་ཡི་གོ་ལར་དུས་བཞི་བྱུང་དུ་བཅུག་པས། སའི་གོ་ལའི་གནམ་གཤིས་དང་ཁོར་ཡུག་ལ་ཤུགས་རྐྱེན་ཐེབས་ནས། སའི་གོ་ལར་འོད་སྦྱོར་བྱེད་ནུས་དང་འགྱུར་རྫོའི་འབར་རྫས་སྦྱིན་ཡོད་ལ། ཉི་མ་བསྲོས་ན་མི་རྣམས་གཟུགས་གཞི་དེ་བས་བདེ་བས། ཉི་མའི་ཕན་ནུས་ནི་ཧ་ཅང་ཆེན་པོ་ཡིན།

太阳造就地球四季的形成，影响地球的气候与环境，给地球带来光合作用和化石燃料，晒太阳让人们的身体更健康，太阳作用十分巨大。

## ཉི་མས་ས་གོ་ལར་དུས་བཞིའི་དབྱེ་བ་བྱུང་།
## ● 太阳推动地球四季的形成

ས་གོ་ལས་ཉི་མར་སྤྱི་སྐོར་བརྒྱབ་པས། ས་གོ་ལའི་ཐོག་ཏུ་དུས་བཞིའི་འགྱུར་ལྡོག་བརྗེ་རེས་བྱུང་བ་ཡིན། ས་གོ་ལ་ནི་ནུབ་ནས་ཤར་ལ་ཉིན་མཚན་མེད་པར་རང་སྐོར་བརྒྱབ་བཞིན་ཡོད་ལ། དེ་དང་དུས་མཚུངས་ཉི་མ་ལ་ཡང་སྤྱི་སྐོར་བརྒྱབ་བཞིན་ཡོད། ས་གོ་ལས་སྤྱི་སྐོར་བརྒྱབ་སའི་ལམ་ཐིག་ནི་འཇོང་དབྱིབས་ཡིན། ཉི་མའི་གནས་ཡུལ་ནི་འཇོང་དབྱིབས་དེའི་འདུས་མདོ་རེད། འཇོང་ཐིག་དེར་སེར་ལམ་ཡང་ཟེར། ས་གོ་ལའི་ཐིག་དམར་ངོས་སྙོམས་དང་ཉི་འགྲོས་ངོས་སྙོམས་དབར་ཆགས་པའི་བཙོར་ཟུར་ལ་སྙོམས་སེར་བཙོར་ཟུར་ཟེར། བཙོར་ཟུར་དེ་ག་དུས་ཡིན་ཡང་ཏུའུ23.45ཆགས་ཀྱི་ཡོད་པས། ས་ཆ་གཅིག་ལ་དུས་ཚོད་མི་འདྲ་བའི་ནང་ཉི་མས་སྤྲེར་བའི་དྲོད་ཀྱང་མི་འདྲ་བས་དུས་བཞིའི་འགྱུར་ལྡོག་བྱུང་བ་རེད།

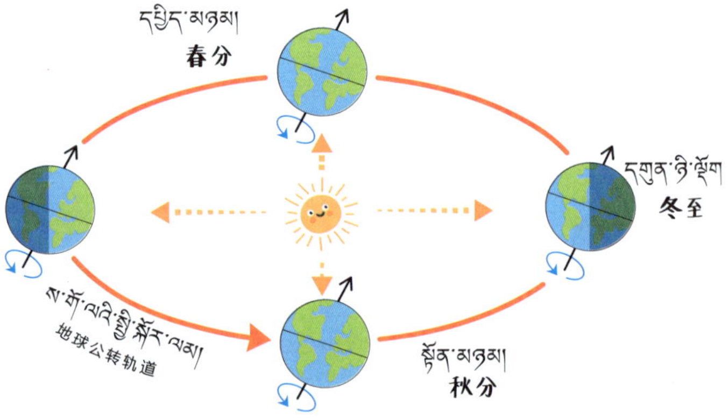


ས་གོ་ལས་ཉི་མར་སྤྱི་སྐོར་བརྒྱབ་པའི་དོན་མཚོན་རི་མོ།
地球绕太阳公转示意图

因为地球绕太阳公转的结果，才有地球上四季的更替。地球一直不断自西向东自转，与此同时又绕太阳公转。地球公转轨道是一个椭圆，太阳位于椭圆形的一个焦点上，该椭圆形轨道称为黄道。地球的赤道平面与黄道平面的夹角称为赤黄角，在任一时刻都保持 23.45°，使得同一地方不同时间获得太阳热量不同，季节也就有了变化。

ཉི་མས་སའི་གོ་ལའི་གནམ་གཤིས་དང་ཁོར་ཡུག་ལ་ཤུགས་རྐྱེན་ཐེབས།

## 太阳影响地球的气候与环境

ཉི་མས་ཚ་ཟེར་རྒྱུན་ཆད་མེད་པར་ས་གོ་ལར་འཕྲོས་པས། དུས་བཞིའི་འགྱུར་ལྡོག་བརྗེ་རེས་དང་། ཉིན་མཚན་བརྗེ་ལེན། ཚ་གྲང་འགྱུར་ལྡོག ས་གོ་ལའི་རླུང་ཁམས་ཆེན་མོའི་འཁོར་རྒྱུག་སོགས་བྱུང་། ས་གོ་ལའི་ཐོག་གི་གནམ་དྭངས་པ་དང་། ལྷགས་པ། ཆར་པ། སྨུག་པ། གངས། སེར་བ། ཐོག་སོགས་གནམ་གཤིས་སྣ་ཚོགས་ནི་ཉི་མ་ལས་བྱུང་ཞིང་། འབབ་ཆུ་དང་། མཚོ། མཚེའུ་སོགས་ས་ཁམས་རྣམ་པ་ཐོན་པ་ཡིན། ཐ་ན་མཛེས་ཤིང་ཡ་ན་རྟུག་པའི་གླིང་སྣེའི་འོད་ཀྱི་འབྱུང་ཁུངས་ཀྱང་ཉི་མ་ཁོ་ན་ཡིན།

正是因为太阳源源不断地将热量辐射到地球上，四季更替、日夜交替，带来的冷暖变化，推动了地球大气的循环，产生了地球上晴、风、雨、雾、雪、冰雹、雷电等各种天气状态，形成江河湖海等地理状态，神奇而美丽的极光也是因太阳而产生的。

**知识链接** ཤེས་བྱ་ལྟུང་འདྲེན།

གླིང་སྣེའི་འོད་ཅེས་པ་ནི་རྣམ་པར་བཀྲ་བའི་འོད་འབར་གྱི་སྣང་ཚུལ་ཞིག་རེད། ས་གོ་ལའི་ཕྱེད་ལྷོ་མ་དང་ཕྱེད་བྱང་མ་གཉིས་ཀྱི་འཕྲེད་ཚད་མཐོ་རིམ་རླུང་ཁམས་ཆེན་པོའི་བར་རིམ་ནང་མཐོང་རྒྱུ་ཡོད། སྣེ་འོད་ཐོན་པའི་རྒྱུ་མཚན་ནི་རླུང་ཁམས་ཆེན་པོའི་བང་རིམ་ཕྱུད་པའི་ནུས་མཐོའི་གཞི་རྡུལ་དག་དང་མཐོ་རིམ་རླུང་ཁམས་ཆེན་མོ་རེབ་གཏུག་བྱས་ནས་ཕན་ཚུན་ནུས་པ་ཐོན་པ་ཞིག་རེད།

极光是一种绚丽发光现象，出现在地球两半球高纬度地区（近地磁极地区）的上空，产生极光的原因是来自大气层之外的高能粒子撞击高层大气产生相互作用。

## 知识链接 ཤེས་བྱ་ལུང་འདྲེན།

ས་གོ་ལའི་ལྷོ་བྱང་ཕྱེད་གཉིས་བརྗེ་ལེན་བྱས་ན་དུས་ཚིགས་འཕོ་འགྱུར་ཡང་ལྡོག་ཕྱོགས་སུ་འགྲོ་གི་ཡོད། ས་གོ་ལའི་བྱང་ཕྱེད་མ་དབྱར་ཁ་འཆར་སྐབས། ས་གོ་ལའི་ལྷོ་ཕྱེད་མ་དགུན་ཁ་འཆར་གྱི་ཡོད། ལྷོ་བྱང་ཕྱེད་གཉིས་མི་འདྲ་བའི་རྒྱུ་རྐྱེན་གཙོ་བོ་ནི་སྙོམས་སེར་བཙིར་ཟུར་ཡོད་པས་ཡིན། དུས་གཅིག་ལ་ཉི་འོད་ཐོབ་སའི་ཁ་ཕྱོགས་མི་འདྲ་བས། ལྷོ་བྱང་ཕྱེད་གཉིས་ཀྱི་དྲོད་ལ་ཁྱད་པར་བྱུང་བ་ཡིན། རྒྱུ་མཚན་གཞན་ཞིག་ནི་བྱང་ཕྱེད་མའི་སྐམ་སའི་རྒྱ་ཁྱོན་ནི་ལྷོ་ཕྱེད་མའི་རྒྱ་ཁྱོན་གྱི་ལྡབ་2ལྷག་ཙམ་ཡོད་པས། དགུན་དུས་རྒྱ་མཚོའི་དྲོད་ཚད་དེ་སྐམ་ས་ལས་དམའ་རུ་འགྲོ་དལ་བ་ཡོད་ཅིང་། དབྱར་དུས་རྒྱ་མཚོའི་དྲོད་ཚད་དེ་སྐམ་ས་ལས་མཐོ་རུ་འགྲོ་དལ་བ་ཡོད། དེར་བརྟེན། ལྷོ་ཕྱེད་མ་ནི་བྱང་ཕྱེད་མ་ལས་དྲོད་ཁྱད་ཆུང་བ་ཡོད།

地球南北半球交替的季节变化正好相反，当北半球处于夏季的时候，南半球是冬季。南北半球不同的最重要原因是赤黄角的存在，在同一时间由于接受太阳光照的受热角度不一样，从而引起南北半球的温差。另一个原因是北半球陆地面积是南半球的 2 倍多，在冬天，海水的温度比陆地下降得慢；在夏天，海水的温度比陆地的温度上升得慢。因此，南半球比北半球的温差小。

རྒན་ལི་ལགས། ངས་ཤེས་སོང་། བཤད་སྟངས་འདིར་བྱས་ན། རླུང་དང་། གངས། ཆར་པ། ཟིལ་པ་ཡང་ཉི་མ་དང་འབྲེལ་བ་ཡོད་རེས།

李老师，我知道了！这么说来，风、雪、雨、露也和太阳有联系吧？

ཁྱོད་ཀྱིས་བཤད་པ་འགྲིག་སོང་། གཤམ་གྱི་རི་མོ་འདིས་ཆུ་འཁོར་རྒྱུག་གི་བརྒྱུད་རིམ་མཚོན་གྱི་ཡོད།

完全正确，下面这张图就表示了地球水循环的过程。

## ཉི་མས་ས་གོ་ལར་འོད་སྦྱོར་བྱེད་ནུས་དང་འགྱུར་རྡོའི་འབར་རྫས་སྐྱེན་པར་བྱེད་ཀྱི་ཡོད།

## 太阳给地球带来光合作用和化石燃料

ཉི་མའི་འོད་ཟེར་འོག་ཏུ་སྐྱེ་དངོས་ཀྱི་འོད་སྦྱོར་བྱེད་ནུས་ཐོན་ཏེ་མི་དང་སྲོག་ཆགས་འཚོ་བྱེད་ཀྱི་བཟའ་ཆས་བྱུང་ཞིང་། ལོ་བརྒྱ་ཕྲག་མང་པོའི་སྔོན་དུ་ཤི་བའི་སྐྱེ་དངོས་རྣམས་དུས་ཡུན་རིང་པོར་ཕྲ་སྲིན་དང་ས་ཤུན་གནོན་ཤུགས་ཀྱིས་འགྱུར་རྡོའི་འབར་རྫས་བྱུང་བ་རེད།

འོད་སྦྱོར་བྱེད་ནུས་ཀྱི་དོན་མཚོན་རི་མོ།
光合作用示意图

在太阳光的照射之下，植物的光合作用产生了人和动物赖以生存的食物。数百万年前的生物死亡后，经细菌和地壳压力的长期作用形成了化石燃料。

འགྱུར་རྡོའི་འབར་རྫས་ནི་གནའ་དུས་སྐྱེ་དངོས་ཀྱི་འགྱུར་རྡོ་དུས་ཡུན་རིང་པོའི་ནང་རིམ་གྱིས་འགྱུར་བ་བྱུང་ནས་གཙོ་བོ་ཐན་ཆིན་འདྲེས་སྦྱོར་དངོས་རྫས་ཆགས་པ་ཞིག་རེད། དེར་རྡོ་སོལ་དང་། རྡོ་སྣུམ། རང་བྱུང་སོལ་རླངས་ཚུད་ཡོད། དེ་ནི་སླར་སྐྱེ་རྒྱུ་མེད་པའི་ཐོན་ཁུངས་ཤིག་ཡིན།

化石燃料是指由古代生物的化石沉积经长期演变而来的、以碳氢化合物为主的混合物，包括煤炭、石油和天然气等，属于不可再生资源。

植物
植物枯萎
ཙྷི་ཤིང་གི་ཤུལ་དག་ས་འོག་ཏུ་མནན་ནས་འགྱུར་ལྡོག་རབ་དང་རིམ་པ་བྱུང་སྟེ་རྡོ་སོལ་ཆགས་པ།
植物残骸被埋于土中，经复杂变化形成煤

རྡོ་སོལ་འགྱུར་ཚུལ།
煤炭的形成

## ཉི་མ་བསྲོས་ན་མི་རྣམས་ཀྱི་གཟུགས་གཞི་དེ་བས་བདེ།

## 晒太阳使人们的身体更健康

མིའི་པགས་པར་ཉི་མའི་འོད་ཟེར་འཕྲོས་པས་ཆིང་འདོར་མཁྲིས་ཞྲུམ་དེ་འཚོ་བཅུད་Dལ་འགྱུར་གྱི་ཡོད། མིའི་གཟུགས་པོས་ཀལ་གྱི་བཅུད་ལེན་མགྱོགས་སུ་བཏང་ནས། རུས་ཁང་སྟར་བས་རྒྱས་པ་བྱེད། ཉི་མའི་འོད་ནང་སྨུག་ཕྱིའི་འོད་དང་། དམར་ཕྱིའི་འོད། མཐོང་ཐུབ་པའི་འོད་ཚད་ཡོད། ཉི་འོད་ལ་མིའི་གཟུགས་པོའི་ཕྲ་ཕུང་རྙིང་ཚབ་གསར་བརྗེ་རྗེ་ལེགས་དང་། ཟས་ཀྱི་དང་ག་འཕྱེད་པ། གཉིད་སྐྱིད་དུ་འགྲོ་བ། གཟུགས་པོའི་ནད་འགོག་གི་ནུས་པ་ཆེ་རུ་འགྲོ་བ་སོགས་ཕན་ཐོགས་ཆེན་པོ་ཡོད། ཉི་འབྲུད་ཅེས་པ་ནི་སྔ་ནས་དབར་མིའི་རིགས་ཀྱིས་ཉི་འོད་ལ་བརྟེན་ནས་ལུས་ཀྱི་པགས་ནད་སེལ་བའི་རང་བྱུང་གི་བཅོས་ཐབས་ཤིག་ཡིན།

人体皮肤在太阳光照射下可以将脱氢胆固醇转化为维生素 D，促进人体对钙的吸收，使人的骨骼更强壮。太阳光中含紫外线、红外线和可见光，对改善人体的新陈代谢、增加食欲、改善睡眠和提高机体抗病能力等很有帮助，日光浴就是自古人类借助阳光来健肤治病的自然疗法。

ཉི་མར་རྒྱུས་ལོན་སོང་། ད་ལྟ་ངས་སློབ་གྲོགས་ཚོར་ཉི་ནུས་ནི་ནུས་ཁུངས་གླིང་གི་གཅེས་ཕྲུག་གསར་པ་ཞིག་ཡིན་དོན་འགྲེལ་བཤད་བྱེད་ཀྱི་ཡིན།

认识了太阳，现在我就来给同学们讲解一下太阳能为什么是能源界的新宠。

# ལེའུ་གཉིས་པ། ལྷ་ན་སྡུག་པའི་འཇའ་ཚོན། ཉི་ནུས་ཀྱི་ཐོན་ཁུངས་དང་བེད་སྤྱོད།

# 第2章 迷人的彩虹——太阳能的资源和利用

| | |
| --- | --- |
| ལོ་ངོ་སྟོང་གི་དྲིན་སྐྱོང་།། | 惠及千年的恩泽 |
| རྫོགས་མཐའ་མེད་པའི་ནུས་ཁུངས།། | 取之不尽的能源 |
| གཙང་ཞིང་རྒྱས་པའི་ཉི་གཞོན།། | 清洁发展的曙光 |
| ཚན་རྩལ་འཕེལ་བའི་སྔོན་འགྲོ།། | 科技进步的前沿 |

## ཉི་ནུས་ཐོན་ཁུངས་ཀྱི་ཁེབས་ཚུལ།
## 太阳能的资源分布

འཛིན་དཔོན་དབྱངས་ཅན་ལགས་ཀྱིས། སློབ་གྲོགས་ཚོ་གཉམ་ལ་མུ་མཐུད་དེ་བཟོ་བཀོད་པ་ལི་པིང་ལགས་ཀྱིས་མུ་མཐུད་ཉི་ནུས་ཤེས་བྱ་སྣ་ཚོགས་ཀྱི་སློབ་ཚན་ཁྲིད་ཀྱི་རེད།

འཛིག་རྟེན་ཆེན་པོའི་ནང་ཉི་མ་ནི་ས་གོ་ལ་དང་ཐག་ཉེ་ཤོས་ཀྱི་བརྟན་སྐར་ཞིག་རེད། ཉི་མ་ནི་ཧ་ཅང་ཆེ་ཞིང་ཡུན་གནས་ཟློགས་མཐའ་མེད་པའི་ནུས་ཁུངས་ཤིག་ཡིན། གཉམ་ལ་ང་ཚོས་ཉི་མའི་སྔོར་ཞིབ་ཏུ་སླེང་རྒྱུ་ཡིན། བཟོ་བཀོད་པ་ལི་པིང་ལགས་ཀྱིས་དེ་ལྟར་གསུངས།

班主任央金老师对同学们说：“下面，继续由李斌工程师给我们讲解太阳能的各种知识。”

“在浩瀚的宇宙中，太阳是离地球最近的恒星，拥有巨大、恒久、无尽的能源，下面我们将‘走近’太阳。”李斌工程师说。

ཉི་མ་ནི་རྒྱུན་ཆད་མེད་པར་ཚ་དྲོད་སྤྲོད་པའི་མེ་ཧྲིལ་ཆེན་པོ་ཞིག་རེད། ཉི་མས་སྐར་ཆ་རེར་བར་སྣང་ཁམས་ལ་ཟེར་འཕྲོའི་ནུས་ཚད་ཧ་ཅང་མང་པོ་གཏོང་གི་ཡོད། ས་གོ་ལར་སླེབས་པ་ནི་ཉི་མའི་ཟེར་འཕྲོའི་ནུས་ཚད་ཀྱི་དུང་ཕྱུར་22ཀྱི་ཆ་གཅིག་ལས་ཟིན་གྱི་མེད། ཉི་མ་དང་དེའི་ནུས་ཚད་མང་པོ་ཡིས་ས་གོ་ལར་གང་ཞིག་གནང་ཡོད་དམ་ཞེ་ན།

ས་གོ་ལར་གནས་པའི་ནུས་ཁུངས་མང་ཆེ་ཤོས་ཀྱི་འབྱུང་ས་ནི་ཉི་མ་ཡིན་ཏེ། རླུང་ནུས་དང་། ཆུ་ནུས། སྐྱེ་དངོས་ཀྱི་སྤུས་ནུས། རྒྱ་མཚོའི་དྲོད་ཁྱད་ནུས་པ། རླབས་ནུས་སོགས་ཀུང་ཚང་མ་ཉི་མ་ལས་བྱུང་བ་ཡིན།

太阳是一个源源不断散发热量的“**大火球**”，它每秒钟向太空辐射的能量非常庞大，地球所接受到的太阳辐射能量仅为其中的22亿分之一。太阳的存在以及散发出来的这么多能量给地球带来什么呢？

**地球上绝大部分能源——风能、水能、生物质能、海洋温差能、波浪能等均来源于太阳。**

## འཛམ་གླིང་གི་ཉི་ནུས་ཐོན་ཁུངས།

## 世界太阳能资源

ས་གོ་ལའི་ངོས་ལ་ཉི་ནུས་ཟེར་འཕྲོའི་སྤྱིའི་ཤུགས་ཚད་ཏ་ལམ་ཕ་ཝ་$8.47\times10^{16}$ཟིན་པ་དང་། ཆ་སྙོམས་འོད་འཕྲོ་ཚད་ཕ/སྨིད་གྲུ་བཞི་མ་166ཙམ་ཟིན་གྱི་ཡོད། ས་གོ་ལའི་ཐིག་དམར་དང་དེའི་བྱང་ཕྱོགས་དང་ནུབ་ཕྱོགས་བཅས་ཀྱི་ཏུའུ་30མཚམས་ཀྱི་རྒྱ་ཆེའི་ས་ཁུལ་ཏེ། ཧྥེ་གླིང་དང་། རྒྱ་མཚོ་ཆེན་པོའི་གླིང་། མེ་གླིང་ལྷོ་མ་སོགས་ཀྱི་སྐམ་སར་ཆ་སྙོམས་འོད་འཕྲོ་ཚད་ཕ/སྨིད་གྲུ་བཞི་མ་250ཡས་མས་ཡིན། དེའི་ནང་ནས་ཧྥེ་གླིང་བྱང་ཕྱོགས་སཱ་ཧཱ་ལའི་བྱེ་ཐང་ཁུལ་གྱི་ཉི་ནུས་ཐོན་ཁུངས་ཕུན་སུམ་ཚོགས་ཤོས་ཡིན་ཞིང་། ཆ་སྙོམས་འོད་འཕྲོ་ཚད་སྨིད་གྲུ་བཞི་མ་300ཡན་བརྒལ་གྱི་ཡོད། ས་གོ་ལའི་བྱང་ཐིག་དང་ལྷོ་ཐིག་ཏུའུ་30ནས་45བར་ནི་འཕྲེད་ཐིག་འབྲིང་བའི་དྲོད་ཁུལ་ཡིན་ལ། ཨ་རིའི་ས་ཆ་མང་ཆེ་ཤོས་དང་། ཡོ་རོབ་ལྷོ་མ། ཡ་གླིང་དབུས་དང་བྱང་ཕྱོགས་སུ་ཚུད་པའི་སྐམ་ས་ནི་ཉི་ནུས་ཐོན་ཁུངས་ཅུང་ཕུན་སུམ་ཚོགས་པའི་ཁུལ་ཡིན་ཞིང་། ཆ་སྙོམས་འོད་འཕྲོ་ཚད་ཕ/སྨིད་གྲུ་བཞི་མ་200ཡས་མས་ཟིན་གྱི་ཡོད། ས་གོ་ལའི་བྱང་ཐིག་དང་ལྷོ་ཐིག་ཏུའུ་45ཡན་ལ་གནས་པ་ནི་འཕྲེད་ཐིག་མཐོ་བའི་ཁུལ་ཡིན་ཞིང་། ཡོ་རོབ་བྱང་མ་དང་། ཨུ་རུ་སུ། ཁེ་ན་ཏ་སོགས་ཚུད་པའི་སྐམ་ས་ལ་ནམ་རྒྱུན་ཆ་སྙོམས་འོད་འཕྲོ་ཚད་ཕ/སྨིད་གྲུ་བཞི་མ་150མན་ཆད་རེད།

到达地球表面的太阳能辐射总功率约为 $8.47\times10^{16}$ 瓦，平均辐照度约为 166 瓦 / 米 $^2$。赤道及其以北、以南 30° 的广大地区，包括非洲、大洋洲、南美洲等在内的陆地上平均辐照度都在 250 瓦 / 米 $^2$ 左右，其中非洲北部撒哈拉沙漠地区的太阳能资源最为丰富，超过 300 瓦 / 米 $^2$；北纬、南纬 30° ~ 45° 的中纬度温带地区，包括美国大部、南欧、亚洲中北部等在内的陆地上，太阳能资源相对丰富，平均辐照度一般在 200 瓦 / 米 $^2$ 左右；北纬、南纬 45° 以上的高纬度地区，包括北欧、俄罗斯和加拿大等在内的陆地上平均辐照度通常在 150 瓦 / 米 $^2$ 以下。

## ཀྲུང་གོའི་ཉི་ནུས་ཐོན་ཁུངས།

## ● 中国太阳能资源

ཀྲུང་གོའི་སྐམ་ས་ངོས་ལ་ཉི་ནུས་ཟེར་འཕྲོའི་སྤྱིའི་ཤུགས་ཚད་ཝ་ཐེ།$1.68\times10^{15}$ཡིན། དེས་ས་གོ་ལ་ཡོངས་ཀྱི་2%ཟིན་གྱི་ཡོད། ཆ་སྙོམས་ཟེར་འཕྲོ་ཚད་ཝ/སྨིད་གྲུ་བཞི་མ་175ཙམ་ཡིན་པས། འཛམ་གླིང་ཆ་སྙོམས་ཆུ་ཚད་ལས་མཐོ་བ་ཡོད། ཉི་ནུས་བར་སྟོང་ཁེབས་ཁྱུལ་ནི་ས་གོ་ལའི་འཕྲེད་ཐིག་དང་འབྲེལ་བ་ཡོད་པ་མ་ཟད། གནམ་གཤིས་དང་ས་བབས་ཀྱིས་ཤུགས་རྐྱེན་ཐེབས་ཀྱི་ཡོད།

རྒྱལ་ཡོངས་ལོ་རེའི་ཉི་མའི་ཟེར་འཕྲོ་སྤྱིའི་ཁེབས་ཚུལ་ལ་གཟིགས་ན། བོད་དང་། མཚོ་སྔོན། ཞིན་ཅང་། ནང་སོག་གི་ལྷོ་ངོས། ཧྲན་ཞི། ཧྲེན་ཞིའི་བྱང་ངོས། ཧེ་པེའི། ཧྲན་ཏུང་། ལེའོ་ཉིང་། ཅིན་ལིན་ནུབ་ངོས། ཡུན་ནན་དཀྱིལ་ངོས་དང་ལྷོ་ནུབ་ངོས། ཀོང་ཏུང་གི་ཤར་ལྷོ། ཧྥུ་ཅན་གྱི་ཤར་ལྷོ། ཧེ་ནན་མཚོའུའི་ཤར་ཕྱོགས་དང་ནུབ་ཕྱོགས། དེ་བཞིན་ཐེ་ཝན་ཞིང་ཆེན་གྱི་ལྷོ་ནུབ་སོགས་རྒྱ་ཆེ་བའི་ས་ཁུལ་དེ་དག་གི་ཁུལ་ནི་ཉི་མའི་ཟེར་འཕྲོ་ཕུན་སུམ་ཚོགས་པའི་གྲས་ཡིན།

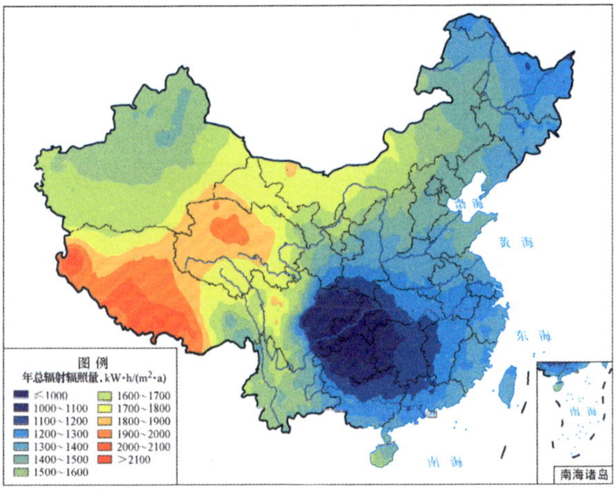


ཀྲུང་གོ་ཉི་ནུས་ཐོན་ཁུངས་ཀྱི་ཁེབས་ཚུལ་རི་མོ།

中国太阳能资源分布图

到达中国陆地表面的太阳能辐射总功率约为 $1.68\times10^{15}$ 瓦，约占全球的 2%，平均辐照度约为 175 瓦 / 米 $^2$，高于全球平均水平，太阳能资源空间分布不仅与纬度有关，还受气候和地形的影响。

从全国太阳年辐射总量的分布来看，西藏、青海、新疆、内蒙古南部、山西、陕西北部、河北、山东、辽宁、吉林西部、云南中部和西南部、广东东南部、福建东南部、海南岛东部和西部以及台湾的西南部等广大地区的太阳辐射总量比较丰富。

## 知识链接 ཤེས་བྱ་ལྷུང་འདྲེན།

འོད་འཕྲོ་ཚད་ཅེས་པ་ནི་རྩིས་གཞིའི་དུས་ཚོད་ནང་ལ་དངོས་གཟུགས་སྟེང་རྩིས་གཞིའི་རྒྱ་ཁྱོན་ཐོག་འཕྲོས་པའི་ཟེར་འཕྲོའི་ནུས་པ་ལ་ཟེར། འཇལ་ཚད་ནི་ཝ/སྨིད་གྲུ་བཞི་མ་ཡིན། ཝ་ནི་ཝ་ཐེའི་བསྡུས་ཚིག་ཡིན། ཝ་ཐེའི་མཚན་ཉིད་ནི་སྐར་ཆ་རེར་བརྗེ་བསྒྱུར་དང་། བེད་སྤྱོད། ཟད་འགྲོར་ཕྱིན་པའི་ནུས་ཚད་ཀྱི་མྱུར་ཚད་ལ་ཟེར་རོ།

ས་ཡ་ཝ་ནི་ནུས་ཤུགས་མཚོན་པའི་སྡེ་ཚན་ཞིག་ཡིན། ས་ཡ་ཝ་གཅིག་ནི་ཝ་$10^6$དང་མཚུངས།

辐照度，是指在单位时间内投射到物体单位面积上的辐射能，单位是瓦/米$^2$。

瓦，瓦特的简称，指每秒钟转换、使用或耗散的能量的速率。

兆瓦，等于 $10^6$ 瓦。

## རྒྱང་གོའི་ས་ཁུལ་ཁག་ལ་ལོ་རེར་ཉི་འོད་ཕོག་ཚུལ།

| མིང་། | ལོའི་ཆ་སྙོམས་སྤྱིའི་ཟེར་འཕྲོ་ཚད（ཝཊ་/སྨིད་ངོས་སྙོམས་གྲུ་བཞི་མ） | རྒྱལ་ཁམས་ཀྱི་བཟུང་ཚད（%） | གཙོ་བོའི་ཁྱབ་ཚུལ། |
|---|---|---|---|
| ཆེས་ཕུན་སུམ་ཚོགས་པའི་ཁུལ། | ≥200ཙམ། | 22.8ཙམ། | སོག་པོའི་གོ་གི་ཆེ་ན་ཆེས་ནུབ་ཁུལ་དང་། ཀན་སུའུ་ཛིའུ་ཆོན་ནུབ་ཁུལ། མཚོ་སྔོན་ཤར་གྱི་གཞུང་ཐིག་1000ནུབ་ཀྱི་ས་ཁུལ་མང་ཆེ་བ། བོད་ལྗོངས་ས་ཁུལ་940ནུབ་ཀྱི་མང་ཆེའི་ས་ཁུལ། ཤིན་ཅང་ཤར་ཕྱོགས་མཐའ་མཚམས་ཁུལ། བོད་དང་དཀར་མཛེས་ཀྱི་ས་ཁུལ་ཁག་གཅིག |
| ཕུན་སུམ་ཚོགས་པའི་ཁུལ། | 160 ～ 200 | 44.0ཙམ། | ཤིན་ཅང་གི་མང་ཆེ་བ་དང་། ནང་སོག་གོ་གི་ཆི་ན་ཆེས་ཤར་ཕྱོགས་མང་ཆེ་ཤོས། ཧའེ་ལུང་ཅང་ནུབ་ཕྱོགས་ཁུལ། ཅི་ལིན་གྱི་ནུབ་ཕྱོགས་ཁུལ། ལེའོ་ཉིང་ཞིང་ཆེན་གྱི་ནུབ་ཁུལ། པེ་ཅིང་། ཐན་ཅིན། ཧྲན་ཏུང་ཤར་ཕྱོགས་ཁུལ། ཧྲན་ཞིའི་མང་ཆེ་བ། ཧྲམ་ཞིའི་བྱང་ཁུལ། ཉིང་ཞ། ཀན་སུའུ་ཛིའུ་ཆོན་ཤར་ཕྱོགས་མང་ཆེ་བ། མཚོ་སྔོན་ཤར་ཕྱོགས་མཐའ་མཚམས། བོད་ལྗོངས་ཀྱི་ཤར་གྱི་གཞུང་ཐིག་940ཤར་ཕྱོགས་ཁུལ། ཟི་ཁྲོན་དབུས་དང་ནུབ་ཁུལ། ཡུན་ནན་མང་ཆེ་བ། ཧའེ་ནན། |
| ཅུང་ཕུན་སུམ་ཚོགས་པའི་ཁུལ། | 120 ～ 160 | 29.8ཙམ། | ནང་སོག་བྱང་འཐེད་ཐིག་གི་500ཤར་ཕྱོགས། ཧའེ་ལུང་ཅང་གི་མང་ཆེ་ཤོས། ཅི་ལིན་གྱི་དབུས་དང་ཤར་ཕྱོགས་ཁུལ། ལེའོ་ཉིང་ཞིང་ཆེན་གྱི་ཤར་ཁུལ། ཧྲན་ཏུང་གི་དབུས་དང་ལྷོ་ཕྱོགས་ཁུལ། ཧྲན་ཞིའི་ནུབ་ཁུལ། ཧྲེན་ཞིའི་དབུས་དང་ནུབ་ཁུལ། ཀན་སུའུ་ཤར་ཕྱོགས་མཐའ་མཚམས། ཟི་ཁྲོན་དབུས་ཁུལ། ཡུན་ནན་ཤར་ཁུལ་མཐའ་མཚམས། ཀུའེ་ཀྲའུ་ལྷོ་ཁུལ། ཧའོ་ནན་མང་ཆེ་ཤོས། ཧའོ་པེ་མང་ཆེ་བ། ཀོང་ཞི། ཀོང་ཏུང་། ཧྥུ་ཅན། ཅང་ཞི། ཀྲེ་ཅང་། ཨན་ཧུའེ། ཅང་སུའུ། ཧེ་ནན། ཐའེ་ཝན། ཞང་ཀང་། ཨོའོ་མན། |
| སྤྱིར་བཏང་ཁུལ། | ＜ 120ཙམ། | 3.4ཙམ། | ཟི་ཁྲོན་ཤར་ཁུལ། ཁྲུང་ཆིན་མང་ཆེ་བ། ཀུའེ་ཀྲའུ་དབུས་དང་བྱང་ཁུལ། ཧའོ་པེ་ཤར་གྱི་གཞུང་ཐིག་1100ཡི་ནུབ་ཁུལ། ཧའོ་ནན་ནུབ་བྱང་ཁུལ། |

## 中国各地区太阳年日照情况

| 名称 | 年平均总辐射辐照度（瓦 / 米$^2$） | 占国土面积（%） | 主要分布地区 |
|---|---|---|---|
| 最丰富带 | 约≥ 200 | 约 22.8 | 内蒙古额济纳旗以西、甘肃酒泉以西、青海东经 100° 以西大部分地区、西藏东经 94° 以西大部分地区、新疆东部边缘地区、西藏甘孜部分地区 |
| 很丰富带 | 160 ～ 200 | 约 44.0 | 新疆大部、内蒙古额济纳旗以东大部、黑龙江西部、吉林西部、辽宁西部、河北大部、北京、天津、山东东部、山西大部、陕西北部、宁夏、甘肃酒泉以东大部、青海东部边缘、西藏东经 94° 以东、四川中西部、云南大部、海南 |
| 较丰富带 | 120 ～ 160 | 约 29.8 | 内蒙古北纬 50° 以北、黑龙江大部、吉林中东部、辽宁中东部、山东中西部、山西南部、陕西中南部、甘肃东部边缘、四川中部、云南东部边缘、贵州南部、湖南大部、湖北大部、广西、广东、福建、江西、浙江、安徽、江苏、河南、台湾、香港、澳门 |
| 一般带 | 约＜ 120 | 约 3.4 | 四川东部、重庆大部、贵州中北部、湖北东经 110° 以西、湖南西北部 |

# ཉི་ནུས་ཀྱི་ཁྱད་ཆོས།

# 太阳能的特点

ཉི་ནུས་ཀྱི་ཁྱད་ཆོས་དང་པོ་ནི་བར་མཚམས་རང་བཞིན་དང་། གཉིས་པ་ནི་དྭངས་གཙང་རང་བཞིན། གསུམ་པ་ནི་འཛད་མེད་རང་བཞིན་བཅས་ཡིན།

太阳能的特点，第一是间歇性，第二是清洁性，第三是无限性。

བར་མཚམས་རང་བཞིན་ཟེར་བ་གང་རེད་དམ།

什么是间歇性？

## ཉི་ནུས་ལ་བར་མཚམས་ཡོད།

## 太阳能是间歇的

ཉིན་མཚན་དང་། དུས་ཚིགས། ས་ཁམས་འཕྲེད་ཐིག མཚོ་འཕགས་སོགས་རང་བྱུང་ཆ་རྐྱེན་གྱིས་ཚོད་འཛིན་དང་། དེ་བཞིན་གནམ་འཐིབ་པ། ཆར་པ། སྤྲིན་པ། གངས་སོགས་ཀྱི་རྐྱེན་གྱིས། ས་ཆ་ག་གེ་མོར་ཉི་འོད་འཕྲོ་ཚད་བར་མ་མཐུད་པ་ཡོང་གི་ཡོད་ལ། བརྟན་པོ་མེད། བར་མཚམས་རང་བཞིན་གྱི་ཁྱད་ཆོས་དེས་ཉི་ནུས་བཀོལ་སྤྱོད་གཞི་ཁྱོན་ཆེ་རུ་འགྲོ་རྒྱུར་དེ་བས་དཀའ་ངལ་ཆེ་རུ་ཕྱིན་ཡོད།

由于受到昼夜、季节、地理纬度和海拔高度等自然条件的限制，以及阴、云、雨、雪等随机因素的影响，使得到达某一地面的太阳辐射度是不连续的，也是不稳定的。间歇的特点也为太阳能的大规模应用增加了难度。

## ཉི་ནུས་ནི་དྭངས་གཙང་ཡིན།
## 太阳能是清洁的

ཉི་ནུས་དང་། རྡོ་སྣུམ། རྡོ་སོལ་སོགས་འགྱུར་རྡོའི་ནུས་ཁུངས་མི་འདྲ་ཞིང་། ཉི་ནུས་གསར་འབྱེད་བཀོལ་སྤྱོད་སྐབས་སུ་སྙིགས་རོ་དང་། ཆུ་སྙིགས། དབུགས་སྙིགས་མེད་ལ། སྐུན་སྒྲ་མེད་པ་མ་ཟད། འབྱུང་ཁམས་ཉེ་སྐོར་ལ་གནོད་པ་དེ་བས་མེད། སྐྱེ་དངོས་ཁོར་ཡུག་ཉིན་བཞིན་ཉམས་ཞན་དུ་འགྲོ་བའི་དེ་རིང་། ཉི་ནུས་བེད་སྤྱོད་དང་གསར་འབྱེད་ཀྱིས་འབྱུང་ཁམས་ཁོར་ཡུག་ལ་སྲུང་སྐྱོང་དང་། ཐོན་ཁུངས་གྲོན་ཆུང་གི་སྤྱི་ཚོགས་བསྐྲུན་རྒྱུར་ནུས་པ་གལ་ཆེན་ཐོན་གྱི་ཡོད།

与石油、煤炭等化石能源不同，在开发利用太阳能时，不会产生废渣、废水、废气，也没有噪声，更不会影响生态平衡。在生态环境日渐脆弱的今天，使用和开发太阳能对保护生态环境、建立资源节约型社会有着重要的作用。

## ཉི་ནུས་ནི་འཛད་མཐའ་མེད་པ་ཞིག་ཡིན།
## 太阳能是无限的

ཉི་ནུས་ལ་འཛད་མཐའ་མེད་པའི་ཁྱད་ཆོས་ཡོད། ཚན་རིག་པས་ཚོད་དཔག་བྱས་པར་གཞིགས་ན། ཉི་མས་དབུགས་ཆ་རེར་ནུས་ཚད་ཝ་$3.75\times10^{26}$ཙམ་གཏོང་གི་ཡོད་ཅིང་། ས་གོ་ལའི་རླུང་ཁམས་ཆེན་པོར་སླེབས་པའི་ནུས་ཚད་ཝ་$1.73\times10^{17}$ཟིན་པ་དང་། དབུགས་ཆ་རེར་ས་གོ་ལར་འཕྲོས་པའི་ནུས་ཚད་དེ་ཚད་ལྡན་རྡོ་སོལ་ལ་ཕབ་ན་རྡོ་སོལ་ཁྲི་ཏུན་500དང་འདྲ་བ་ཡོད། ང་ཚོས་བཤད་པའི་འཛད་མཐའ་མེད་པ་ཞེས་པ་ནི་ནམ་རྒྱུན་གྱི་ཚད་ལྡན་ནུས་ཁུངས་ངོས་ནས་བཤད་པ་ཞིག་ཡིན། དོན་དངོས་ཐོག་ཉི་མ་ལ་འང་ཚེ་སྲོག་ཡོད་དེ་ཉི་མའི་ཚེ་སྲོག་ད་དུང་ཡང་ལོ་དུང་ཕྱུར་50ཙམ་ཡོད།

太阳能具有取之不尽的特点，据科学家的估算，太阳每秒钟向外辐射的能量约为 $3.75\times10^{26}$ 瓦，到达地球大气层的能量达到 $1.73\times10^{17}$ 瓦，每秒钟照射到地球的能量相当于标准煤 500 万吨。这里无限性是相对于常规能源的有限性来说的。实际上太阳也是有自己的寿命，太阳的寿命还剩大约 50 亿年。

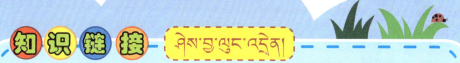

### 知识链接 ཤེས་བྱ་ལུང་འདྲེན།

ཚད་ལྡན་རྡོ་སོལ་ནི་ནུས་ཁུངས་འཇལ་ཚད་ཡིན་ཏེ། རྟོག་བཏགས་རྡོ་སོལ་ལ་ཚ་སྐྱེད་ཚད་སྟོང་ཙོར་29260/སྟོང་ཁེ་（སྟོང་ཁའི་7000/སྟོང་ཁེ་）ཡིན། དེ་ནི་ནུས་ཁུངས་མི་འདྲ་བའི་ནུས་ཚད་བསྡུར་བ་བྱེད་སྐབས་ཕབ་རྩིས་ཀྱི་ཚད་གཞི་བྱས་ཆོག་པ་ཡིན།

标准煤，是能源的一种计量单位，指发热量为 29260 千焦 / 千克（7000 千卡 / 千克）假想的煤，用于比较不同能源的含能量。

## ཤེས་བྱ་ལུང་འདྲེན།

ཀྲམ་སོ་སྲི་ · སྦྲོའོ་ལིའུ་སྲི་ཁེ་ཐེ་ · ཅོར། （1818ལོའི་ཟླ་12ཚེས་24ནས་1889ལོའི་ཟླ་10ཚེས་11）དབྱིན་ཇིའི་དངོས་ཁམས་རིག་པ་མཁས་ཅན་དང་། དབྱིན་ཇིའི་རྒྱལ་ཚང་ཚོགས་པའི་ཚོགས་མི། ཁེ་ཕྲུ་ལིས་གཟེངས་རྟགས་བཞེས་མཁན་ཡིན། ནུས་ཚད་འདུ་མཉམ་གཏན་སྲོལ་རྙེད་པས། ཚ་ཤུགས་རིག་པའི་གཏན་སྲོལ་དང་པོའི་འཕེལ་རྒྱས་བྱུང་། ཅོར་གྱིས་སྡུད་ཁྱམས་འཛེན་སྐྱུམ་གྱི་ནུས་པ་ལྟ་ཞིབ་བྱས་པས་ཅོར་གྱི་གཏན་སྲོལ་གསར་དུ་གཏོད། མི་རྣམས་ཀྱིས་ཁོང་ལ་དྲན་གསོ་བྱ་ཆེད། ནུས་ཚད་དང་ནུས་པའི་རྩིས་གཞིའི་ཡི་མིང་ལ་ཅོར་ཞེས་བཏགས།

## 知识链接

詹姆斯•普雷斯科特•焦耳（1818 年 12 月 24 日 - 1889 年 10 月 11 日），英国物理学家，英国皇家学会会员，科普利奖章获得者。焦耳推导出能量守恒定律，发展出热力学第一定律；观测过磁致伸缩效应，发现了焦耳定律。后人为了纪念他，把能量和功的单位命名为“焦耳”，简称“焦”。

# ཉི་ནུས་བེད་སྤྱོད་ཀྱི་ལོ་རྒྱུས།

# 太阳能的利用历史

ཉི་མ་ནི་ཤིན་ཏུ་ཆེ་བའི་རླངས་གཟུགས་ཀྱི་བརྟན་སྐར་ཆེན་པོ་ཞིག་ཡིན། ས་གོ་ལའི་ཐོག་ས་གཤིས་ཚ་ནུས་དང་ཉིང་རྡུལ་ནུས་པ་ཕུད། གཞན་ཕལ་ཆེར་ཉི་མ་ནས་བྱུང་བ་ཡིན། མིའི་རིགས་ཀྱིས་དམིགས་སུ་བཀར་ནས་ཉི་ནུས་བེད་སྤྱོད་པ་ནི་དྲོད་གཏོང་བ་དང་། ཚ་པོ་བཟོ་བ། སྐམ་པོ་བཟོ་བ། གསལ་ཆ་ལེན་པ་སོགས་ཚ་ནུས་བེད་སྤྱད་པ་ནས་འགོ་ཚུགས་ཤིང་། ད་བར་ལོ་3000ལྷག་གི་ལོ་རྒྱུས་ལྡན་ཡོད། སྔོན་མའི་ཉི་ནུས་བེད་སྤྱོད་ནི་ཡུལ་དུས་ངེས་ཅན་དང་། དམིགས་བསལ་ཆ་རྐྱེན་འོག་འགུལ་ཤུགས་སྒྲིག་ཆས་ལ་བེད་སྤྱོད་ཀྱི་ཡོད།

太阳是一个气体状的巨大恒星，地球上除了地热能和核能外，其他能源几乎都来自太阳。人类有意识地利用太阳能是以取暖、加热、干燥、采光等热利用的形式开始的，已经有3000多年的历史。早期的太阳能利用表现为在某些特殊场合、特定条件下作为动力装置的应用。

སྤྱི་ལོ་སྔོན་གྱི་དུས་རབས་11ནང་། འཛམ་གླིང་ཐོག་གི་མི་རིགས་མང་པོས་ཤིང་གཙུབ་ནས་མེ་ལེན་པ་དང་། རྡོ་བརྡར་བའམ་ཡང་ན་རྡོ་བརྡུང་ནས་མེ་སྤར་བའི་དུས་སུ་སླེབས་ཤིང་། ལས་ལ་བརྩོན་ཞིང་བློ་གྲོས་ལྡན་པའི་ཀྲུང་གོའི་མིས་ཀྱང་མེ་ཤེལ་གསར་གཏོད་དང་བེད་སྤྱོད་ཀྱིས་མེ་ལེན་གྱི་ཡོད།

公元前11世纪，在世界上许多民族还处在钻木取火、摩擦或击石取火的时代，勤劳智慧的中国人就发明和使用了“阳燧”取火。

མེ་ཤེལ།
阳燧

མེ་ཤེལ་ནི་ཀྲུང་གོའི་གནའ་དུས་ཀྱི་མེས་པོ་རྣམས་ཀྱིས་ལོ་3000སྔོན་གྱི་ཀྲའུ་ནུབ་མ་སྐབས་སུ་གསར་དུ་གཏོད་པའི་ཉི་འོད་ཀྱིས་མེ་ལེན་བྱེད་ཡོ་བྱད་ཅིག་ཡིན། དེའི་བཟོ་ལྟ་ནི་དབྱིབས་སྒོར་ལ་ནང་གོང་བའི་ལི་ལས་གྲུབ་པའི་མེ་ལོང་ཞིག་རེད། ཉི་འོད་ལ་ཁ་གཏད་སྐབས། མེ་ཤེལ་གྱིས་གོང་ངོས་ལ་འཕྲོས་པའི་ཉི་འོད་དག་གཅིག་ཏུ་བསྡུས་ནས། འདུ་གནས་སྟེང་གི་དྲོད་ཚད་མགྱོགས་མྱུར་མཐོ་པོར་སླེབས་ཏེ། འབར་སླའི་དངོས་པོར་མེ་འབར་གྱི་ཡོད།

阳燧是中国古代汉族先民在 3000 年前的西周时期发明的从太阳光中取火的取火工具，其形似呈球面形内凹的青铜镜，当用它对着阳光时，射入阳燧的阳光被阳燧凹面聚焦，使焦点上温度快速升高，点燃易燃物。

སྤྱི་ལོ་ཉིས་སྟོང་སྔོན་གྱི་ཀྲན་གོའི་དུས་སྐབས་སུ་གནའ་མིས་མེ་ལོང་ངོས་བཞི་མ་དང་། འཁྱགས་གསལ་མེ་ལོང་སོགས་བེད་སྤྱད་དེ་ཉི་མའི་འོད་ཟེར་གཅིག་སྡུད་བྱས་ནས་མེ་སྦོར་ཤེས་ཀྱི་ཡོད། ཉི་ནུས་བེད་སྤྱད་ནས་ཞིང་ལས་ཐོན་རྫས་སྐམ་པོ་བཟོ་ཤེས་པ་དང་། ཉི་མ་བེད་སྤྱད་དེ་བཟའ་ཚྭ་སྐམ་རྒྱུའང་ཤེས། དེ་དག་ནི་ཉི་ནུས་སྟབས་བདེའི་ངང་བེད་སྤྱད་པ་རེད།

两千多年前的战国时期，古人就知道利用四面镜、冰透镜和火珠聚焦太阳光来点火；利用太阳能来干燥农副产品；学会了用太阳来晒海盐，这就是太阳能的简单应用。

སྤྱི་ལོའི་དུས་རབས་སྔ་རྗེས་སུ། ཀྲུང་གོའི་མིས་ཉི་མའི་གྲིབ་ནག་ལ་བལྟས་ནས་དུས་ཚོད་ལྟ་བའི་སྒྲིག་ཆས་གྲིབ་ཚོད་འཁོར་ལོ་གསར་གཏོད་བྱས། དེ་ནི་ཟངས་བཟོས་མདེའུ་རྩེ་དང་། རྡོ་བཟོས་འཁོར་ལོ་ལས་གྲུབ་པ་ཞིག་ཡིན། ཟངས་བཟོས་མདེའུ་རྩེ་ལ་དུས་རྩེ་ཟེར། དེ་ཐད་ཀར་འཁོར་ལོའི་དཀྱིལ་སྙིང་ནས་བརྟོན་པས། སྲོག་ཤིང་གི་ནུས་པ་ཐོན་གྱི་ཡོད། དེའི་ཕྱིར། དུས་རྩེ་ལ་ཆུ་ཚོད་དང་། རྡོ་བཟོས་འཁོར་ལོ་ལ་དུས་ངོས་ཟེར་ཞིང་། རྡོ་སྟེགས་ཐོག་བཀན་པར་འཇོག་དགོས། དུས་ངོས་ཀྱི་གཞོགས་གཉིས་ལ་ཚད་རྟགས་བརྒྱབ་སྟེ། བྱི་བ་གླང་སྟག ཡོས་འབྲུག་སྦྲུལ། རྟ་ལུག་སྤྲེལ། བྱ་ཁྱི་ཕག་སོགས་དུས་བཅུ་གཉིས་ལ་དབྱེ་ཡོད། དུས་རེར་སྔ་ཆ་དང་ཕྱི་ཆ་གཉིས་ལ་དབྱེ་བས་ཉིན་མཚན་གཅིག་ལ་ཆུ་ཚོད་24བྱུང་བ་ཡིན།

公元元年前后，中国人发明了利用太阳投射的影子来测定时刻的装置日晷，它通常由铜制的指针和石制的圆盘组成。铜制的指针叫做“晷针”，垂直地穿过圆盘中心，起着圭表中立竿的作用。因此，晷针又叫“表”。石制的圆盘叫做“晷面”，安放在石台上。晷面两面都有刻度，分子、丑、寅、卯、辰、巳、午、未、申、酉、戌、亥十二个时辰，每个时辰又等分为“时初”、“时正”两个小时，从而正好是一日 24 小时。

གནའ་རབས་དུས་ཚོད་ལྟ་བྱེད་གྲིབ་ཚོད་འཁོར་ལོ།

古代计时用的日晷

# ཉི་ནུས་ཀྱི་བཀོལ་སྤྱོད།
# 太阳能的应用

## ཁ་ལག་བཟོ་ཐུབ་པའི་ཉི་ཐབ།
## ● 能做饭的太阳灶

ཀན་ལི་ལགས། ནམ་རྒྱུན་དུ་སྤོ་བོ་དང་རྨོ་བོ་ལགས་ཀྱིས་ཆུ་ཏ་ཡང་གང་ལྕགས་གཤོག་སྟེང་བཞག་ན་དུས་ཡུན་རིང་པོ་མ་དགོས་པར་ཆུ་འཁོལ་གྱི་ཡོད་པ་ངས་རྒྱུན་དུས་མཐོང་སྒྱོང་། དེ་ནི་དངོས་གནས་ངོ་མཚར་ཆེ། དེའི་རྩ་བའི་རིགས་པ་གང་ལ་ཐུག་ཡོད་དམ།

李老师，我经常看见我爷爷奶奶把一壶水放在一块大铁皮上，不一会就开了，太神奇了，这个是什么原理呢？

ཁྱོད་ཀྱིས་བཤད་པ་ནི་ཉི་ཐབ་རེད། དེ་ནི་ཉི་ནུས་ཀྱི་ཚ་ནུས་གཅིག་ཏུ་བསྡུས་ཏེ་ཁ་ལག་བཟོ་བྱེད་དང་ཆུ་སྐོལ་བྱེད་ཀྱི་ཡོ་བྱད་ཅིག་རེད། ཉི་ཐབ་ཀྱི་གསལ་ཆ་ཆེ་ཤོས་དེ་མཐོང་བྱུང་ངམ། དེ་ནི་ཉི་ཐབ་ཀྱི་ཉི་འོད་སྡུད་ཤེལ་ཡིན། ཉི་འོད་སྡུད་ཤེལ་གྱིས་ཉི་ནུས་ཟེར་འཕྲོའི་ནུས་པ་ཐད་ཀར་བེད་སྤྱོད་ཆོག་པའི་ཚ་ནུས་ལ་བསྒྱུར་གྱི་ཡོད། ཉི་ཐབ་ཀྱིས་ཁ་ལག་བཟོ་བ་དང་། ཆུ་སྐོལ་བ་སོགས་བྱས་ན་མེ་ཤིང་ལ་གྲོན་ཆུང་ཐུབ་ཀྱི་ཡོད།

你说的是太阳灶，就是将太阳能的热能收集起来，用于烧水、做饭的一种器具。看到那个大灶最亮的地方了吗？那是太阳灶的聚光镜，就是通过聚光镜把太阳的辐射能转化为可直接利用的热能。用太阳灶烧水、做饭能节省不少燃料呢。

ཉི་ཐབ་ཀྱི་རྩ་བའི་རིགས་པའི་དཔེ་རིས།
太阳灶原理图

## ཆུ་ཚ་པོ་ཐོན་ཐུབ་པའི་ཉི་ནུས་ཆུ་སྲོ་ཆས།

## ● 能出热水的太阳能热水器

ད་ལྟ་ཁང་ཐོག་ཏུ་ཚང་མས་ཉི་ནུས་ཆུ་སྲོ་ཆས་བསྐར་ཡོད། དེའང་ཉི་མའི་ཟེར་འཕྲོའི་ནུས་པ་ཐད་ཀར་བེད་སྤྱོད་ཆོག་པའི་ཚ་ནུས་ལ་བསྒྱུར་ནས་འཚོ་བའི་ཐོག་ཆུ་ཚ་པོ་བེད་སྤྱོད་པ་རེད།

现在家庭的屋顶上都安装太阳能热水器，它将太阳的辐射能转化为可直接利用的热能，供人们生活中使用热水。

སྟོང་རྐྱང་སྦུ་གུའི་ཉི་ནུས་ཆུ་སྲོ་ཆས།

真空管式太阳能热水器

ཉི་ནུས་ཆུ་སྲོ་ཆས་ཀྱིས་ཆུ་ཚ་པོ་བཟོ་གི་ཡོད། ཉི་ནུས་ཆུ་སྲོ་ཆས་ལ་ནུས་ཁུངས་གྲོན་ཆུང་གི་ནུས་པ་ཡོད་པ་མ་ཟད། བེད་སྤྱོད་སྐབས་ཉེན་ཁ་མེད་པ་དང་། དུས་ཡུན་རིང་བས། ལག་རྩལ་ལེགས་པའི་རང་བཞིན་དང་འགྲོ་གྲོན་ཆུང་བའི་རང་བཞིན་སོགས་ཀྱི་དགེ་མཚན་ལྡན་ཡོད། ཀྲུང་གོར་བེད་སྤྱོད་གཏོང་མང་ཤོས་ནི་སྟོང་རྐྱང་སྦུ་གུའི་ཉི་ནུས་ཆུ་སྲོ་ཆས་རེད།

太阳能热水器将水加热。不但具有明显的节能效果，而且使用安全，寿命长，具有良好的技术性和经济性。中国使用最多的就是真空管式的太阳能热水器。

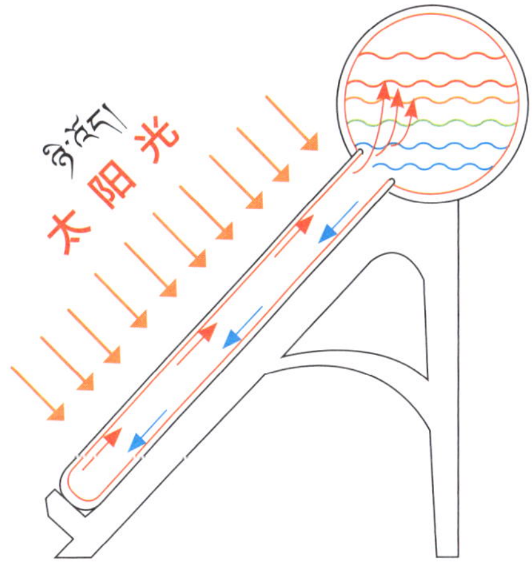


སྟོང་རྐྱང་སྦུ་གུའི་ཉི་ནུས་ཆུ་སྲོ་ཆས་ལས་ཀའི་རྩ་བའི་རིགས་པ།

太阳能热水器的工作原理

## རྒྱུན་གཏན་གྱི་ནུས་ཁུངས་གྲོན་ཆུང་ཐུབ་པའི་ཉི་ནུས་བཟོ་སྐྲུན།

## ● 能节约常规能源的太阳能建筑

ཉི་ནུས་བཟོ་སྐྲུན་གྱིས་རྒྱུན་སྲོལ་ནུས་ཁུངས་ཁག་ཅིག་གི་ཚབ་བྱེད་ཀྱི་ཡོད། བཟོ་སྐྲུན་དངོས་པོར་དྲོད་ལེན་དང་། ཆུ་སྲོ་བ། དྲོ་གྲང་སྙོམས་སྒྲིག གསལ་སྒྲོན། རླུང་འགྲོ་སོགས་ཀྱི་ནུས་པ་རབ་དང་རིམ་པ་ཡོད། ཉི་ནུས་བཟོ་སྐྲུན་ལ་དགོས་པའི་ནུས་ཁུངས་མང་ཆེ་བ་ནི་ཉི་ནུས་ནས་བྱུང་བས། ཁོར་སྐྱུང་དང་། གཙང་སྦྲ། ལྷད་མེད་བཅས་ཡོང་ངོ་།

太阳能建筑利用太阳能代替部分常规能源，为建筑物提供采暖、热水、空调、照明、通风等一系列功能。太阳能建筑所需的大部分能源均来自于太阳能，真正做到环保、清洁、绿色。

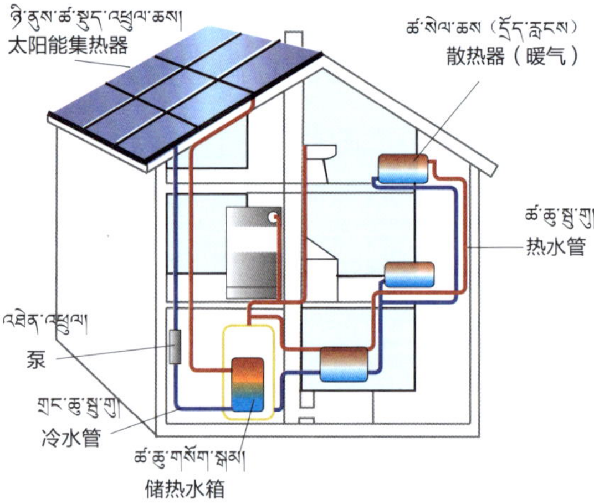


ཉི་ནུས་དྲོད་ལེན་གྱི་དོན་མཚོན་རི་མོ།

太阳能采暖示意图

འབྲོག་ཁུལ་དང་། གྲོང་གསེབ། རི་གྲོང་མཚོ་གླིང་སོགས་ས་ཁུག་ལུང་ཀུག་ལ། ཁྱིམ་སྤྱོད་འོད་ཧྲུ་གློག་གི་ནུས་ཁུངས་ཀྱིས་གཞིས་ཆགས་གྲོང་མིར་གློག་མཁོ་འདོན་ཐུབ་པ་མ་ཟད། མཁོ་བསྟུན་གློག་ནུས་དང་གྲབས་གསོག་གློག་ནུས་ལེགས་ཤོས་སུ་གྱུར་ཡོད།

在牧区、乡村、山区、海岛等许多偏僻地区，户用光伏电源可以方便解决当地居民用电，也可以成为优秀的应急电源和备用电源。

## 知识链接 ཤེས་བྱ་ཞུང་འདྲེན།

འབྲུག་འཕྱོ་ལུས་རྩལ་ཐང་ནི་རང་རྒྱལ་ཐའི་ཝན་ཞིང་ཆེན་ཀའོ་ཞོང་གྲོང་ཁྱེར་གྱི་ཕྱོགས་བསྡུས་རང་བཞིན་གྱི་ལུས་རྩལ་ཐང་ཞིག་ཡིན། འབྲུག་འཕྱོ་ལུས་རྩལ་ཐང་ཐོག་ཏུ་ཉི་ནུས་ཤེལ་ལེབ་8844ཡིས་བཀབ་པ་ནི། འཛམ་གླིང་ཐོག་ཉི་ནུས་ཁོ་ནས་གློག་མཁོ་འདོན་བྱས་པའི་ལུས་རྩལ་ཐང་དང་པོ་དེ་ཡིན། རྒྱ་ཁྱོན་ལ་རྩིད་ངོས་སྐོམས་གྲུ་བཞི་མ་14155ལྡན་པའི་ཡང་ཐོག་གློག་ནུས་ཀྱིས་མི་50000ཤོང་བའི་ལུས་རྩལ་ཐང་ལ་གློག་མཁོ་འདོན་བྱེད་ཐུབ། ལུས་རྩལ་ཐང་གི་ཉི་ནུས་ཤེལ་ལེབ་ཀྱིས་ལོ་རེར་གློག་ཁྲི་སྟོང་ཕ་114གཏོང་ཐུབ་ཅིང་། ལུས་རྩལ་ཐང་དུ་གློག་སྤྱོད་མི་དགོས་པའི་སྐབས་སུ་གློག་ནུས་དེ་དག་ཉེ་འགྲམ་ས་ཁུལ་གྱིས་བེད་སྤྱོད་བྱས་ཆོག།

龙腾体育场是台湾高雄市一座综合性体育场馆。龙腾体育场屋顶覆盖着8844块太阳能电池板，是全世界第一座完全由太阳能供电的运动场馆，其14155米$^2$的屋顶将为这个可容纳50000人的场馆提供足够的电力，体育场的太阳能电池板每年可生产114万千瓦·时的电力，当场馆不在使用状态时，巨大的富余电能可以供周边地区使用。

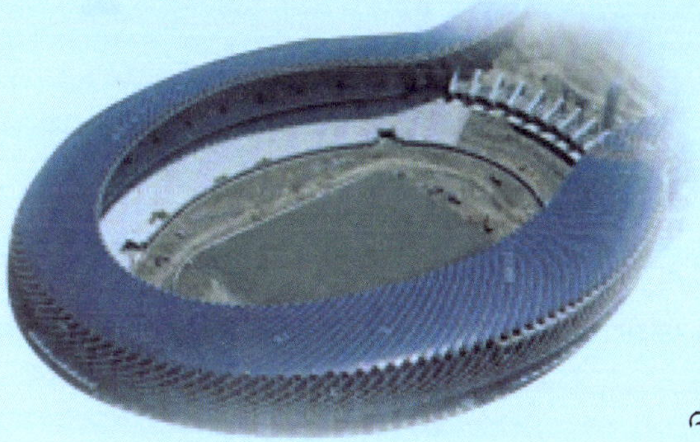

འབྲུག་འཕྱོ་ལུས་རྩལ་ཐང་།
龙腾体育场

## ཉི་ནུས་གློག་སྒྲོན་གྱིས་བགྲོད་ལམ་གསལ།

## ● 太阳能路灯照亮前行的路

རྒན་ལི་ལགས། ངས་ལྷ་སའི་རྒྱ་ལམ་ཐོག་ཏུ་ཉི་ནུས་ལམ་སྒྲོན་མང་པོ་མཐོང་བྱུང་།

李老师，我看到拉萨的马路上都安装了太阳能路灯了。

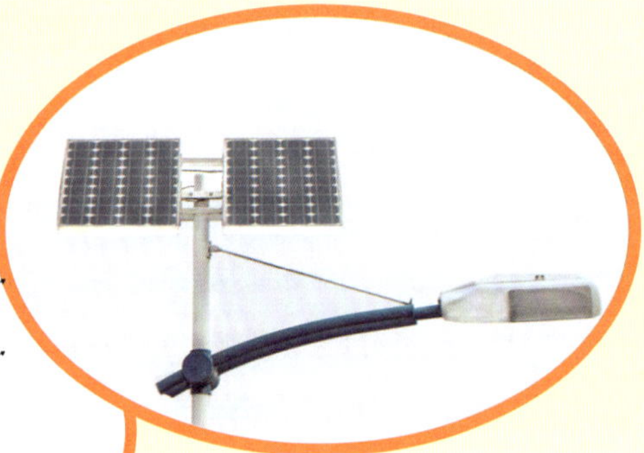

（李强　摄）

ཉི་ནུས་ལམ་སྒྲོན་ནི་ཉི་ནུས་གློག་མེར་བརྟེན་ནས་གློག་མགོ་འདོན་བྱས་པ་ཞིག་ཡིན་པས། ནུས་ཁུངས་མང་པོ་གྲོན་ཆུང་བྱེད་ཐུབ།

太阳能路灯采用太阳能电池供电，可以节约大量的能源呢！

ཉི་ནུས་ལམ་སྒྲོན་ནི་ཉི་ནུས་གློག་མེའི་གློག་ནུས་བེད་སྤྱོད་དེ། གློག་མེར་གློག་ནུས་བསགས་ནས། འོད་འཚེར་བའི་རྡོ་གཉིས་སྦུ་གུའི་LEDའོད་ཁུངས་སུ་སྦྱུར་ཡོད། ཉིན་མོ་ཉི་ནུས་ཀྱིས་གློག་མེར་གློག་གསོག་ཅིང་། མཚན་མོ་གློག་མེར་བསགས་པའི་གློག་ནུས་ཀྱིས་LEDགསལ་གྱི་ཡོད། ཉི་ནུས་ལམ་སྒྲོན་ལ་གསལ་ཚ་ཆེ་ཞིང་། ལྷུ་སྒྲིག་སྟབས་བདེ། དྲོད་ཚད་འཚམས་པ། ནུས་ཁུངས་གྲོན་ཆུང་སོགས་ཀྱི་ཁྱད་ཆོས་ལྡན་ཡོད་པས། བེད་སྤྱོད་ཡུལ་རྒྱ་ཆེན་པོ་ཡོད།

太阳能路灯利用太阳能电池供电，通过蓄电池储存电能，用发光的二极管 LED 为光源。白天，太阳能电池向蓄电池供电；晚上，蓄电池储存的电能点亮 LED。太阳能路灯具有亮度高、安装简便、工作温度低、节约能源的特点，应用十分广泛。

## 知识链接 ཤེས་བྱ་ལྷུང་འདྲེན།

LEDནི་འོད་འཕྲོའི་སྣེ་གཉིས་སྒྲ་གུའི་བསྡུས་མིང་ཡིན། གློག་ནུས་འོད་ནུས་ལ་བསྒྱུར་བའི་གློག་རྡུལ་འཕྲུལ་ཆས་ཀྱི་ལྷུ་ལག་ཡིན། གསལ་ནུས་གཅིག་པའི་འོག LEDནི་འོད་དཀར་གློག་སྒྲོན་ལས་གློག་ཆུང་ཐུབ་ཚད་80%ལྷག་ཟིན་ཞིང་། དེའི་བེད་སྤྱོད་ཚད་ནི་འཚེར་འོད་གློག་སྒྲོན་གྱི་ལྡབ་10དང་། འོད་དཀར་གློག་སྒྲོན་གྱི་ལྡབ་100ཡིན། འཛར་པན་དང་ཨ་རིའི་ཚན་རིག་པ་གསུམ་གྱིས་LEDསྔོན་པོ་གསར་གཏོད་གནང་བར་2014ལོར་ནོར་པེར་དངོས་ཁམས་བྱ་དགའ་ཐོབ།

LED，是发光二极管的简称，一种可以把电能转化成光能的电子元件。在相同照明效果下，LED 比白炽灯节能 80% 以上，使用寿命分别是荧光灯和白炽灯的 10 倍和 100 倍。3 名日本、美国的科学家因为发明了蓝色 LED 获得了 2014 年度诺贝尔物理学奖。

ཞི་ཨན་ལྡུམ་རའི་བཤམ་སྟོན་འདུ་ཚོགས་ཀྱི་ཁྲང་ཨན་སྒྲོམ་སྟེགས་LEDམཚན་ལྗོངས་གསལ་སྒྲོན།

西安园博会长安塔 LED 夜景照明

（中国建筑科学研究院　提供）

# ཉི་ནུས་འཕེལ་རྒྱས་ཀྱི་ཁ་ཕྱོགས།
# 太阳能的发展前景

ཉི་མའི་འོད་ཟེར་ཕྱོགས་མེད་ཀུན་ལ་འགྱེ། སྐམ་ས་དང་རྒྱ་མཚོ། རི་དང་རྒྱ་མཚོའི་གླིང་ཕྲན་སོགས་གང་དུ་ཡང་ཐད་ཀར་གསར་འབྱེད་བེད་སྤྱོད་བྱས་ཆོག་པས། དབོར་འདྲེན་དང་སྔོག་འདོན་སོགས་བྱེད་མི་དགོས།

太阳光普照大地，无论陆地或海洋，无论高山或岛屿，都可直接开发和利用，无须开采和运输。

## ཕྱིར་འབུད་གཏན་ནས་མེད་པའི་ཉི་ནུས་རླངས་འཁོར།
## ● 零排放的太阳能汽车

ངས་བརྙན་འཕྲིན་ལས་སྣུམ་མི་དགོས་པའི་ཉི་ནུས་རླངས་འཁོར་མཐོང་བྱུང་།
在电视上，我还看过不用“喝油”的太阳能汽车呢！
ཉི་ནུས་རླངས་འཁོར་ནི་ཉི་ནུས་ལ་བརྟེན་ནས་སྐུལ་གཏོང་བྱས་པའི་རླངས་འཁོར་ཞིག་རེད།
太阳能汽车是一种靠太阳能来驱动的汽车。

སྲོལ་རྒྱུན་གྱི་ཚ་སྒུལ་རླངས་འཁོར་དང་བསྡུར་ན། ཉི་ནུས་རླངས་འཁོར་ལ་ཕྱིར་འབུད་གཏན་ནས་མེད། ཚད་ངེས་ཅན་ཞིག་གི་ཐོག་ནས་བཤད་ན། ཉི་ནུས་རླངས་འཁོར་ནི་གློག་སྒུལ་རླངས་འཁོར་གྱི་གྲས་ཤིག་ཡིན་ཞིང་། ཉི་ནུས་ཀྱིས་གློག་མེ་ལ་གློག་བསགས་ནས་སྒུལ་ཤུགས་བརྟན་པོ་མཁོ་འདོན་བྱེད་ཀྱི་ཡོད།

相比传统热机驱动的汽车，太阳能汽车是真正的零排放。从某种意义上讲，太阳能汽车也是电动汽车的一种，利用太阳能充电的蓄电池提供稳定的动力。

ཧན་ནང་ཉི་ནུས་རླངས་འཁོར།

汉能太阳能汽车

## 知识链接 ཤེས་བྱ་ཡུང་འབྲེན།

ཉི་ནུས་རླངས་འཁོར་ཐོག་ཏུ་ཉི་ནུས་ཤེལ་ལེབ་བསྒར་ཡོད། ཉི་འོད་འོག་ཏུ་ཉི་ནུས་ཤེལ་ལེབ་ཀྱིས་ཉི་འོད་སྡུད་ལེན་བྱས་པ་ལས་བྱུང་བའི་གློག་རྒྱུན་གྱིས་གློག་མེར་གློག་གསོག་གི་ཡོད། གློག་མེས་གློག་རྒྱུན་བརྟན་པོས་རླངས་འཁོར་གྱི་སྒུལ་བྱེད་འཕྲུལ་འཁོར་ལ་མཁོ་འདོན་བྱས་ཏེ། སྒུལ་བྱེད་འཕྲུལ་འཁོར་གྱིས་འཁོར་ལོ་སྐོར་དུ་བཅུག་ནས་ཉི་ནུས་རླངས་འཁོར་མདུན་དུ་བསྐྱོད་པར་བྱེད་དོ།

太阳能汽车上装有太阳能电池板。在阳光下，太阳能电池板采集阳光，并产生电流为蓄电池充电，蓄电池将稳定的电流提供给汽车发动机，通过发动机控制器带动车轮运动，推动太阳能汽车前进。

## ཚན་རྩལ་མདུན་ཕྱོགས་ཀྱི་ཉི་ནུས་གནམ་གྲུ།

## 科技前沿的太阳能飞机

ཉི་ནུས་གནམ་གྲུ་ནི་ཉི་མའི་ཟེར་འཕྲོ་ནུས་ཁུངས་སུ་བྱས་པའི་གནམ་གྲུ་ཞིག་ཡིན། མིག་སྔར་ཆེས་སྔོན་ཐོན་གྱི་ཉི་ནུས་གནམ་གྲུའི་ལྗིད་ཚད་ལ་ཏ་ལམ་སྟོང་ཁེ་2300ལས་མེད་པ་ནི་ཁྱིམ་སྤྱོད་རླངས་འཁོར་ཞིག་དང་མཚུངས་སོ།

太阳能飞机以太阳辐射作为推进能源的飞机，目前最先进的太阳能飞机重量只有约 2300 千克，与一辆家用汽车相当。

གནམ་གྲུའི་གློག་ཤུགས་མ་ལག་གཙོ་བོ་ནི་གློག་སྐུལ་འཁྱིལ་ཆས་དང་། དུང་དབྱིབས་འབུད་འདེད་འཁྱིལ་ཆས། ནུས་ཚད་དོ་དམ་མ་ལག  མྱུར་ཚད་གཅོག་ཆས་སོགས་ཡིན། ཉི་ནུས་ཟེར་འཕྲོའི་ནུས་ཚད་སྟུག་ཚད་ཆུང་བས་ནུས་ཚད་འདང་ངེས་ཤིག་དགོས་སྐབས། གནམ་གྲུའི་ཐོག་ཅུང་རྒྱ་ཆེ་བའི་འོད་ལེན་ཉི་ནུས་གློག་མེ་འཛུགས་ས་ཡོད། ཉི་ནུས་གནམ་གྲུའི་གཤོག་པ་རྒྱ་ཆེ་བ་ཡོད། གནམ་གྲུའི་རྒྱུ་ཆ་ནི་ལྗིད་ཚད་ཡང་ཞིང་། འདེགས་ཤུགས་ཆེ་བ་འདེམས་དགོས། དཔེར་ན་ཐན་ཆི་རིགས་སོགས། ཉིན་མོར་ཉི་ནུས་གློག་མེས་གློག་ནུས་དག་གནམ་གྲུར་བསྣར་བའི་གློག་མེའི་ནང་གསོག་འཛོག་བྱས་ནས་མཚན་མོར་བེད་སྤྱོད་རྒྱུའི་གློག་ནུས་གྲབས་གསོག་བྱས་ཏེ་མཚན་མོ་གནམ་གྲུ་འཕུར་སྐྱོད་བྱེད་པར་གློག་མགོ་འདོན་གྱིས་གནམ་གྲུར་མགོ་བའི་སྐུལ་ཤུགས་བར་མ་ཆད་པ་ཡོང་བ་བྱེད་ཀྱི་ཡོད།

太阳能飞机的电力系统主要包括电机、螺旋桨、能量管理系统及减速器等。由于太阳辐射的能量密度小，为了获得足够的能量，太阳能飞机上有较大的吸收阳光的表面积，以便铺设太阳能电池，因此太阳能飞机的机翼面积较大。飞机的机体选用重量极轻 、承载能力强的材料，例如碳纤维。白天时，太阳能电池会把电能充入到机载蓄电池中，为夜间飞行储备电能，太阳能飞机的动力才能源源不断。

## 知识链接　ཤེས་བྱ་ལྷུང་འདྲེན།

སྤྱི་ལོ་1981ལོའི་ཟླ་7པའི་ཚེས་7ཉིན། ཉི་ནུས་སྐུལ་ཤུགས་གནམ་གྲུ་དང་པོ་དེ་དབྱིན་ཇི་ལི་མཚོ་འགག་ཏུ་འཕུར་བ་རེད། ལྗིད་ཚད་སྟོང་ཁ་95ཡོད་པའི་ཉི་ནུས་འགྲན་སློང་པའི་མིང་ཅན་གྱི་གནམ་གྲུ་དེ་པ་ལི་ནུབ་བྱང་ནས་འཕུར་ཞིང་། ཆ་སྙོམས་ཆུ་ཚོད་རེར་མགྱོགས་ཚད་སྟོང་སྨིད་48.3དང་། མཐོ་ཚད་སྨིད་3352.8དང་། རིང་ཚད་སྟོང་སྨིད་265.5འཕུར་བ་རེད།

སྤྱི་ལོ་2016ལོའི་ཟླ་7པའི་ཚེས་26ཉིན། སྐུལ་ཤུགས་ཡོངས་རྫོགས་ཉི་ནུས་བྱས་པའི་ཉི་འོད་སྐུལ་ཤུགས་2འབོད་པའི་ཉི་ནུས་གནམ་གྲུ་དེ་ཨ་ལྷན་ཚོགས་རྒྱལ་ཁབ་ཀྱི་རྒྱལ་ས་ཨ་པོ་ཀྲ་པི་ཏུ་བབས། ཉི་ནུས་འགུལ་ཤུགས་གནམ་གྲུ་དེ་2015ལོའི་ཟླ་3པར་འཛམ་གླིང་སྐོར་འགོ་ཚུགས་ཏེ། འཕུར་སྐྱོད་ཁྲི་སྟོང་སྨིད་3. 5ཙམ་བྱས་ཡོད། གནམ་གྲུ་འདིར་སྨིད་72ཀྱི་གཤོག་པའི་སྟེང་ཉི་ནུས་ཤེལ་ལེབ་ཁྲི་1དང་སྟོང་7བསྐར་ཡོད་ཅིང་། ལྗིད་ཚད་ལ་སྟོང་ཁ་2300ལས་མེད། བགྲོད་ཚད་མཐོ་ཤོས་སྟོང་སྨིད་100ཡིན། དེ་ནི་ཉི་ནུས་ཁོ་ནའི་གནམ་གྲུས་འཛམ་གླིང་སྐོར་བ་བྱེད་པ་ཐོག་མ་ཡིན།

1981 年 7 月 7 日，第一架以太阳能为动力的飞机飞过英吉利海峡。这架 95 千克重的“太阳能挑战者号”从巴黎西北部起飞，以平均每小时 48.3 千米的速度、3352.8 米的飞行高度，完成了全长 265.5 千米的旅行。

2016 年 7 月 26 日，全部动力都通过太阳能提供的“阳光动力 2 号”太阳能飞机降落在阿联酋首都阿布扎比，这架太阳能动力飞机自 2015 年 3 月开始环球航行，行程达到 3.5 万千米。这架飞机 72 米的机翼安装了 1.7 万块太阳能电池板，重量只有 2300 千克，最高时速为 100 千米，这是人类首次仅凭太阳能的环球飞行。

ཉི་འོད་སྐུལ་ཤུགས་ཨང་2པ།
阳光动力 2 号

## མ་འོངས་པའི་ཚན་རྩལ་ཉི་རླུང་གློག་གཏོང་།
## ● 未来科技太阳风发电

ལག་རྩལ་དཔེ་གསར་སྣ་ཚོགས་འཕེལ་རྒྱས་འགྲོ་བ་དང་ཆབས་ཅིག ཆར་པ་དང་། གངས། གནམ་འཐིབས་པ་སོགས་ཀྱི་གནམ་གཤིས་འོག ཚན་རིག་པས་རྩི་ཤིང་གི་འོད་སྦྱོར་ནུས་པར་དཔེ་བླངས་ཏེ་ཉི་ནུས་ལག་རྩལ་གསར་པར་ཞིབ་འཇུག་བྱེད་ཀྱི་ཡོད་པ་མ་ཟད་ཕྱིའི་བར་སྣང་ཁམས་ཀྱི་རླུང་གློག་གཏོང་ཞིབ་འཇུག་འཇུགས་འགོ་བཙུགས་ཡོད་པ་རེད།

随着各种新型技术的突破，雨天、雪天、阴天等天气条件下，科学家不仅研发出能够模拟植物“光合作用”的新型太阳能技术，而且已开始研究存在于外太空的“太阳风”发电了。

ཉི་ནུས་རྒྱ་ཁྱབ་ཏུ་བཀོལ་སྤྱོད་བྱེད་པ།

太阳能的广泛用途

## 知识链接 ཤེས་བྱ་ཡུང་འདྲེན།

ཉི་རླུང་ནི་རྒྱུན་ཆད་མེད་ཅིང་། ཉི་མ་ལས་བྱུང་བའི་སྒྲ་འདས་བགྲོད་མཉམ་གྱི་གྱེས་རྫུལ་སློག་ལྡན་རྫུལ་རྒྱུན་ཞིག་ཡིན། དེའི་མགྱོགས་ཚད་ལ་སྟོང་ཚིད་/སྐར་ཆ་200ནས་800ཡོད། ཉི་རླུང་ནི་ས་གོ་ལའི་མཁའ་རླུང་དང་མི་འདྲ་སྟེ། རླངས་གཟུགས་ཀྱི་ཆ་རྫུལ་ལས་མ་གྲུབ་པར། དེ་ལས་སྟབས་བདེ་ཞིང་། མ་རྫུལ་ལས་རིམ་པ་གཅིག་ཆུང་བའི་རྨང་གཞིའི་གཞི་རྫུལ་ཏེ་གཤིས་རྫུལ་དང་གློག་རྫུལ་སོགས་ལས་གྲུབ་པ་ཡིན། ཡིན་ནའང་འགྲུལ་སྐྱོད་ནང་ཐོན་པའི་ནུས་པ་ནི་མཁའ་རླུང་འགྲུལ་སྐྱོད་དང་ཧ་ཅང་འདྲ་བས། དེར་ཉི་རླུང་ཟེར། རྒྱུན་དུ་ཉི་རླུང་གི་ཐོལ་བྱུང་ནུས་ཚད་ནི་ཉི་མའི་འཚེར་བཀྲ་འམ་ཉི་མའི་དྲག་རླུང་ཞེས་འབོད་པའི་སྣང་ཚུལ་ཞིག་ཡིན།

太阳风是一种连续存在、来自太阳的超声速等离子体带电粒子流，能够以 200 ~ 800 千米 / 秒的速度运动。太阳风虽然与地球上的空气不同，不是由气体的分子组成，而是由更简单的比原子还小一个层次的基本粒子——质子和电子等组成，但它们流动时所产生的效应与空气流动十分相似，所以称它为太阳风。通常太阳风的能量爆发来自于“太阳耀斑”或其他被称为“太阳风暴”的现象。

ཉི་ནུས་ནི་གསེར་མདོག་གི་ནུས་ཁུངས་ཤིག་ཡིན་ཏེ། དེར་དྭངས་གཙང་དང་། བདེ་འཇགས། ཆད་མེད་ཀྱི་ལེགས་ཆ་མངོན་གསལ་དོད་པོ་ཡོད། རྒྱལ་ཁབ་མང་པོ་ཞིག་གིས་ཉི་ནུས་གསར་སྤེལ་བྱེད་རྒྱུ་འགོ་ཚུགས་བཞིན་མཆིས། མ་འོངས་པར་ཉི་ནུས་རླངས་འཁོར་དང་། ཉི་ནུས་གནམ་གྲུ། ཉི་ནུས་སྐོར་གྲུ། ཉི་ནུས་ལྕགས་རྟ། ཉི་ནུས་དྲོད་སྙོམས། ཉི་ནུས་འཁྱགས་སྒམ་སོགས་ཉི་ནུས་ཐོན་རྫས་སྣ་མིན་སྣ་ཚོགས་ཀྱིས་ང་ཚོའི་འཚོ་བ་དེ་བས་ཕུན་སུམ་ཚོགས་སུ་གཏོང་ངེས་རེད།

太阳能是金色的能源，由于它具有清洁、安全、源源不断等显著优势，越来越多的国家开始开发利用太阳能资源，未来太阳能汽车、太阳能飞机、太阳能游船、太阳能自行车、太阳能空调机、太阳能冰箱等各色各样的太阳能产品将使我们的生活更加丰富多彩！

དེ་འདྲ་ཡིན་ཙང་། ཉི་ནུས་ནི་ནུས་ཁུངས་གླིང་གི་གཅེས་ཕྲུག་ཅིག་རེད། ཕྱི་དྲོ། སློབ་གྲོགས་ཚོ་ཉི་ནུས་གློག་གཏོང་བབས་ཚུགས་སུ་ལྟ་སྐོར་སློབ་སྦྱོང་ལ་འཁྲིད་ཀྱི་རེད། ང་དང་བཟོ་བཀོད་པ་སྒྲོལ་མ་ལགས་ཀྱིས་ཁྱེད་ཚོར་འགྲེལ་བཤད་གསལ་པོ་བྱེད་ཀྱི་ཡིན།
所以说，太阳能是能源界的新宠！下午，同学们去太阳能发电站参观学习，我和卓玛工程师将为大家详细讲解！

# ལེའུ་གསུམ་པ། འོད་ཟེར་གྱི་ཕོ་ཉ།—ཉི་ནུས་གློག་གཏོང་།

# 第3章 光明的使者——太阳能发电

ངོ་མཚར་བརྗིད་ཉམས་ཀྱི་ལྗོངས་རིས།།
ནུས་ཁུངས་སླར་སྐྱེ་ཡི་འབྱུང་ཁུངས།།
ཚན་རྩལ་གསར་གཏོད་ཀྱི་གཟི་བརྗིད།།
རྒྱུན་འཛིན་ཆད་མེད་ཀྱི་ཕུགས་འདུན།།

奇丽壮阔的图景
再生能量的源泉
科技创新的荣耀
薪火相传的梦想

འཛིན་དཔོན་དབྱངས་ཅན་ལགས་ཀྱིས། ཁ་འབྲས་མཚར་བའི་གཅེན་མོ་འདི་ནི་བཟོ་བཀོད་པ་སྒྲོལ་མ་ལགས་རེད། ད་ལྟ་ཁོང་གིས་སློབ་གྲོགས་ཁྱོད་ཚོ་ཉི་ནུས་གློག་གཏོང་ས་ཚུགས་ལ་ལྟ་སྐོར་བྱེད་པར་འཁྲིད་ཀྱི་རེད།

བཟོ་བཀོད་པ་སྒྲོལ་མ་ལགས་མཉེས་ཚོར་ཆེན་པོས། སློབ་གྲོགས་རྣམ་པ་སྐུ་ཁམས་བཟང་། ང་ནི་སྒྲོལ་མ་ཡིན། དེ་རིང་ངས་ཁྱོད་ཚོ་ཉི་ནུས་གློག་གཏོང་ས་ཚུགས་སུ་ལྟ་སྐོར་སློབ་སྦྱོང་ལ་འཁྲིད་ཀྱི་ཡིན། ཐོག་མར་ཚང་མས་བདེ་འཛགས་ཞྭ་མོ་གྱོན་རོགས་གནང་།

班主任央金说：“这位漂亮的大姐姐就是卓玛工程师，她将带领同学们参观太阳能发电站。”

卓玛工程师高兴地说：“同学们好，我是卓玛，欢迎同学们来到西藏太阳能电站现场参观学习。首先请每个人都佩戴好安全帽。”

དྭངས་གཙང་སྟབས་བདེའི་ཉི་ནུས་གློག་གཏོང་ལ་ཉི་ནུས་འོད་རྫུ་གློག་གཏོང་དང་། ཉི་དྲོད་གློག་གཏོང་གཉིས་ཡོད། ཉི་ནུས་འོད་རྫུ་གློག་གཏོང་ནི་ཐད་ཀར་ཉི་མའི་ཟེར་འཕྲོ་གློག་ནུས་ལ་བསྒྱུར་བ་དང་། ཉི་དྲོད་གློག་གཏོང་ནི་ཉི་ནུས་ཟེར་འཕྲོ་སྡུད་ལེན་བྱས་ཏེ་ཚ་ནུས་ཀྱིས་སླར་གློག་གཏོང་བ་ཡིན། ཐབས་ཚུལ་འདི་གཉིས་ནི་གློག་གཏོང་སྟངས་དྭངས་གཙང་ཡིན་པས། ཕྱིར་འབུད་བཙོག་དངོས་གཏན་ནས་མེད།

ཉི་དྲོད་གློག་གཏོང་ལ་འཕངས་ངོས་གཞོང་གཟུགས་དང་། ཐིག་གཤིས་ཧྥི་རེ་ནེལ་ལུགས། གཏོར་གཟུགས། སྡེར་གཟུགས་ཀྱི་ཉི་ནུས་གློག་གཏོང་དང་ཉི་ནུས་ཚ་དྲོད་རླུང་རྒྱུན་གློག་གཏོང་སོགས་ཡོད།

清洁方便的太阳能发电主要包括太阳能光伏发电和太阳能热发电两种方式。太阳能光伏发电可以直接将太阳的辐射能转换成电能，太阳能热发电则是收集太阳辐射能转换成热能再发电。两种方式都是清洁的发电方式，不向外界排放废物。

太阳能热发电主要有抛物面槽式、线性菲涅尔式、塔式、碟式太阳能发电和太阳能热气流发电。

# མཛེས་སྡུག་བརྗིད་ཉམས་ལྡན་པའི་ཉི་ནུས་འོད་རྒྱ་གློག་གཏོང་།

# 美丽壮观的太阳能光伏发电

མིག་སྔར་རྒྱ་ཁྱབ་ཏུ་སྤྱོད་པ་ནི་ཉི་ནུས་འོད་རྒྱ་གློག་གཏོང་ཡིན། དེ་ནི་ཉི་ནུས་གློག་མེས་（འོད་རྒྱ་གློག་མེའང་ཟེར）ཉི་མའི་ཟེར་འཕྲོ་སྡུད་ལེན་ནུས་ལྡན་བྱས་ཏེ། ཉི་མའི་ཟེར་འཕྲོའི་ནུས་ཚད་ཐད་ཀར་གློག་ནུས་ལ་བསྒྱུར་ནས་གློག་གཏོང་གི་ཡོད།

当前大规模应用的主要是太阳能光伏发电。它利用太阳能电池（也称光伏电池）有效吸收太阳辐射，将太阳光辐射能量直接转换成电能输出。

ཉི་ནུས་འོད་རྒྱ་གློག་གཏོང་ལ་ཕྱིར་འབུད་སྙིགས་རོ་མེད་ཅིང་འཛེར་སྒྲ་ཡང་མེད། གྲུབ་ཆ་སྟབས་བདེ་བས་ཁྱིམ་གྱི་ཡང་ཐོག་ལའང་བསྒར་ཆོག། ཁྱིམ་ཚང་དུ་ཉི་ནུས་འོད་རྒྱ་གློག་གཏོང་མ་ལག་བཙུགས་པ་ཡིན་ན། རང་ཁྱིམ་དུ་བེད་སྤྱོད་མེད་པའི་གློག་ནུས་དག་གློག་དྲར་མཁོ་འདོན་བྱས་ཆོག་པས། ཧ་ཅང་སྟབས་བདེ།

太阳能光伏发电不向外界排放废物，也没有噪声，结构很简单，即使是家庭的屋顶上也可以安装。家庭安装了太阳能光伏发电系统，还可以把自己家用不完的电供给电网，十分方便。

ཉི་འོད་ཡོད་ན། འོད་རྒྱུ་གློག་གཏོང་མ་ལག་གིས་གློག་གཏོང་ཐུབ་མོད། འོད་རྒྱུ་གློག་གཏོང་ལ་གནམ་གཤིས་དང་ཁོར་ཡུག་གིས་ཤུགས་རྐྱེན་ཐེབས་ཀྱི་ཡོད་པས་བརྟན་པོ་དེ་ཙམ་མེད། དེ་ཕྱིར་ཚན་རྩལ་པས་ལག་རྩལ་གསར་པར་ཞིབ་འཇུག་བྱེད་བཞིན་ཡོད་དེ། གསོག་ནུས་ལག་རྩལ་དང་། ནུས་མང་གསབ་རེས་གློག་གཏོང་ལག་རྩལ་སོགས་ཀྱིས་གནད་དོན་འདི་ཐག་གཅོད་ཐུབ་ཐབས་བྱེད་པ་ལྟ་བུའོ།

只要有太阳光照，光伏发电系统就可以发电，但太阳能光伏发电也容易受到天气和环境影响，波动性强，科技人员正在研究一些新技术，例如储能技术、多能互补发电技术等，来解决这个问题。

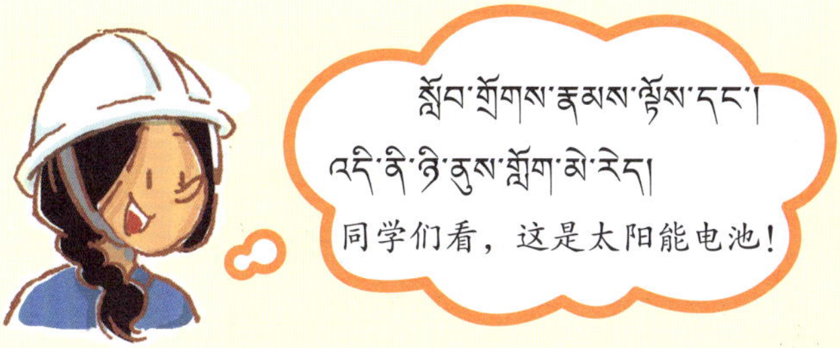
སློབ་གྲོགས་རྣམས་ལྟོས་དང་།
འདི་ནི་ཉི་ནུས་གློག་མེ་རེད།
同学们看，这是太阳能电池！

ཉི་ནུས་གློག་མེ།
太阳能电池

ཉི་ནུས་གློག་མེ་ནི་ཉི་ནུས་འོད་རྒྱུ་གློག་གཏོང་ཁྲོད་ཀྱི་ལྷུ་ལག་གལ་ཆེན་ཞིག་ཡིན། གློག་མེ་འདི་འདྲ་ཉི་འོད་ཡོད་ས་གང་སར་བེད་སྤྱོད་ཆོག་ཅིང་། འབར་རྫས་གཞན་མེད་ཀྱང་མཚན་མོ་གློག་མེ་དེ་རིགས་ཀྱིས་ལས་ཀ་བྱེད་ཀྱི་མེད།

སྔར་གྱི་དུས་སུ་ཉི་ནུས་གློག་མེ་ནི་མཁའ་དབྱིངས་ཁུལ་གྱི་མི་བཟོས་སྐྱུང་སྐར་སྟེང་དུ་མཁའ་དབྱིངས་འཕུར་ཆས་ཀྱི་ནུས་ཁུངས་གཙོ་བོ་ཡིན། ད་བར་མཁའ་དབྱིངས་ཀྱི་འཕུར་ཆས་ཁྲི་ཕྲག་མང་པོའི་ཁྲོད་ལས་90%ཡན་ནི་ཉི་ནུས་གློག་མེ་ཡིས་གློག་ཁུངས་གཙོ་བོ་བྱས་པ་ཤ་སྟག་ཡིན། ཨ་རི་དང་སུའུ་ལེན་གྱི་ཟླ་བཞུད་འཕུར་གྲུ་དང་། གཟའ་མིག་དམར་སྐམ་འབེབས་རླངས་འཁོར། དེ་བཞིན་མིང་དུ་གྲགས་པའི་ཧ་པོ་རྒྱང་ཤེལ་ཐོག་ཏུ་ཡང་ཉི་ནུས་གློག་མེ་བསྒར་ཡོད།

太阳能电池是太阳能光伏发电中最重要的部件。这种电池可以在任何有阳光的地方使用，不需要其他燃料，但在晚上这种电池就不工作了。

早期的太阳能电池主要应用于空间领域的人造卫星上，作为空间飞行器的主要能量来源。迄今为止，在太空翱翔的数万个飞行器中，90% 以上采用太阳能电池作为电源。美国和苏联的登月舱、火星登陆车以及著名的哈勃望远镜都配备了太阳能电池。

འཁྱིལ་སྐོར་ནུས་པའི་སྒྲོམ་བརྟེགས་དང་གློག་རྡུལ་ལྷུ་ལག་སྤྱད་པ་བརྒྱུད། ཉི་ནུས་ཤེལ་ལེབ་ཀྱིས་ཉི་མའི་ཁ་ཕྱོགས་ལ་སྟབས་བསྟུན་གྱིས་ཉི་འོད་དེ་བས་མང་བ་སྡུད་ལེན་བྱས་ཏེ། གློག་གཏོང་ཚད་མཐོ་རུ་གཏོང་གི་ཡོད།

通过采用能够旋转的支架和电子元器件，使光伏面板能够跟随太阳转动获得较高的光照强度，提高发电效率。

ས་ངོས་དང་འཁོར་མདའ་མཉམ་འགྲོ་བྱས་ཏེ་ཉི་མར་ཁ་བསྟུན་ཐབས་བྱེད་པ།
通过平行于地面的转轴对太阳进行俯仰式跟踪

ས་ངོས་དང་ཟུར་དེས་ཅན་ཆགས་པའི་འཁོར་མདའ་གཅིག་མས་ཉི་མར་བསྟུན་ན་ནུས་པ་དེ་བས་ཆེ།
通过与地面呈一定角度的斜单轴旋转跟踪太阳，跟踪精度更高

འོད་རྒྱ་གློག་གཏོང་མ་ལག་ནི་ཉི་ནུས་གློག་མེ་ཡིས་ཉི་ནུས་ཐད་ཀར་གློག་ནུས་ལ་བསྒྱུར་བའི་གློག་གཏོང་མ་ལག་ཡིན། དེའི་ལྷུ་ལག་གཙོ་བོ་ནི་འོད་རྒྱ་སྟར་སྒྲིག་དང་། གློག་མེ། ཚོད་འཛིན་འཕྲུལ་ཆས། རྣམ་ཆུ་གློག་བརྗེ་བསྒྱུར་འཕྲུལ་ཆས་སོགས་ལས་གྲུབ་པ་ཡིན།

光伏发电系统是利用太阳能电池直接将太阳能转换成电能的发电系统。它的主要部件是光伏阵列、蓄电池、控制器和逆变器。

## 知识链接 ཤེས་བྱ་ལྷུང་འབྲེན།

འོད་རྒྱ་སྟར་སྒྲིག ཉི་ནུས་གློག་མེ་ཕྲེང་སྒྲིལ་དང་ཡུག་སྒྲིལ་བྱས་པ་ལས་གྲུབ་ཅིང་། འདིས་ཉི་ནུས་ཟེར་འཕྲོ་རྣམ་གློག་ཏུ་བསྒྱུར་བར་བྱེད་དོ།

གློག་མེ། ཉིན་མོ་འོད་འཕྲོའི་ཆ་རྐྱེན་འོག་ཏུ་གློག་མེས་གློག་ནུས་གསོག་འཇོག་བྱས་ཏེ། མཚན་སྔེབ་གློག་མེས་གསོག་འཇོག་བྱས་པའི་གློག་ནུས་ཀྱིས་མཚན་མོ་རྒྱུན་གཏན་ལྟར་གློག་གཏོང་གི་ཡོད།

ཚོད་འཛིན་འཕྲུལ་ཆས། གློག་རྡུལ་འཕྲུལ་ཆས་ཤིག་སྟེ། དེའི་བྱེད་ནུས་ནི་གློག་མེར་གློག་བསགས་དྲགས་པའམ་བཏང་དྲགས་པ་སྔོན་འགོག་བྱ་བྱེད་ཡིན་ཞིང་། སྟབས་བདེའི་ཚད་ལེན་གྱི་ནུས་པའང་ལྡན་ཡོད།

རྣམ་ཆུ་གློག་བརྗེ་བསྒྱུར་འཕྲུལ་ཆས། འོད་རྒྱ་སྟར་སྒྲིག་ལས་ཐོན་པའི་རྣམ་གློག་དེ་ཆུ་གློག་ལ་བསྒྱུར་བ་ཡིན་ཞིང་། ཆུ་གློག་འདི་རིགས་ནི་ང་ཚོའི་འཚོ་བའི་ཁྲོད་དུ་སྤྱོད་པའི་གློག་དེའོ།

光伏阵列：由若干个太阳能电池组件经串联和并联排列而成，负责把太阳辐射的光转化成直流电。

蓄电池：白天，在光照条件下，蓄电池将电能贮存起来。晚上，蓄电池组将贮存的电能释放出来，保障正常供电。

控制器：一种电子设备，它的作用是防止蓄电池过充电和过放电，并具有简单的测量功能。

逆变器：负责把光伏阵列产生的直流电转换成交流电，这种交流电就是我们日常生活所用的电力。

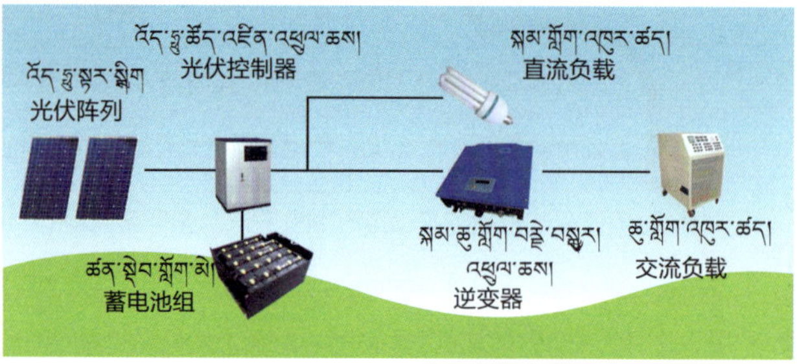


འོད་རྣ་གློག་གཏོང་གི་མ་ལག་དོན་མཚོན་རི་མོ།
光伏发电系统示意图

འཛིན་དཔོན་དབྱངས་ཅན་གྱིས་བཟོ་བཀོད་པ་སྒྲོལ་མར་བཀའ་འདྲི་ཞུས་པར། འོད་རྣ་ཤེལ་ལེབ་ལ་ཐལ་རྡུལ་ཆགས་ན། གློག་གཏོང་ནུས་པར་གནོད་སྐྱོན་ཡོད་དམ།

བཟོ་བཀོད་པ་སྒྲོལ་མས། ཐན་དབྱངས་ཅན་ལགས་ཀྱིས་དྲི་བ་ཡག་པོ་བཏོན་སོང་། སྐྱོན་ཡོད་པར་ཐེ་ཚོམ་མེད། སློབ་གྲོགས་ཚོ་འདིར་ལྟོས་དང་། འདི་ནི་ང་ཚོའི་འཁྲུད་ཆས་ལྷངས་འཁོར་རེད། འོད་རྣ་ཤེལ་ལེབ་བཙོག་པ་ཆགས་སྐབས། གཙང་མ་བཟུ་གི་ཡོད།

བཟོ་བཀོད་པ་སྒྲོལ་མས། འོད་རྣ་གློག་གཏོང་གིས་སྡོད་གནས་ཁ་ཐོར་དུ་གནས་པའི་ཞིང་འབྲོག་ཁྱུལ་ལ་འཚོ་སྤྱོད་གློག་མགོ་འདོན་ཐུབ་ཅིང་། འཕྲིན་གཏོང་བརྒྱུད་གཏོང་ས་ཚིགས་དང་། གནམ་གཤིས་བབས་ཚུགས། མཐའ་མཚམས་དམག་སྒར་སོགས་དམིགས་བསལ་ལས་ཁྱུལ་གྱི་གློག་ཁུངས་ལེགས་ཤོས་དེ་ཡིན། ད་ནི། ཉི་ནུས་འོད་རྣ་གློག་གཏོང་སྐོར་བཤད་མཚམས་འདིར་འཇོག་གི་ཡིན། གཤམ་ལ་བཟོ་བཀོད་པ་ལིས་པིང་ལགས་ཀྱིས་སློབ་གྲོགས་ཚོར་ཉི་དྲོད་གློག་གཏོང་གི་ཤེས་བྱ་འགྲེད་ཀྱི་རེད།

འོད་རྣ་ཤེལ་ལེབ་འཁྲུད་ཆས་ལྷངས་འཁོར།
光伏面板清洗车

班主任央金问卓玛工程师：“请教一下，光伏面板上落了灰尘，影响发电效率吗？”

卓玛工程师回答：“央金老师，这个问题提得好，当然会影响啦。同学们请看，那是我们的清洗车，当光伏面板脏了的时候，就要给它‘洗澡’了。”

卓玛工程师说：“光伏发电可以为居住分散的牧民提供生活用电，还特别适合为通信中继站、气象台站、边防哨所等特殊工作场所提供电源。好了，太阳能光伏发电就讲到这里了，下面请李斌工程师为同学们讲解太阳能热发电知识。”

# ཉི་དྲོད་གློག་གཏོང་སྣ་ཚོགས།

# 种类繁多的太阳能热发电

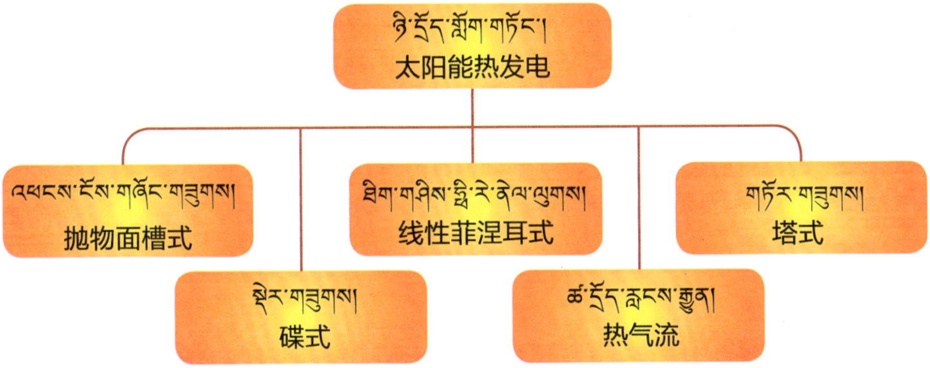


ཉི་དྲོད་གློག་གཏོང་གི་རིགས་དབྱེ་དཔེ་རིས།

太阳能热发电分类图

སློབ་གྲོགས་ཚོ། ངས་ཁྱེད་ཚོར་ཉི་དྲོད་གློག་གཏོང་གི་ཤེས་བྱ་ཁ་གསབ་ཅིག་བྱེད། ཆེད་སྤྱོད་འཕྲུལ་ཆས་ཀྱིས་ཉི་ནུས་ཟེར་འཕྲོ་སྡུད་ལེན་གྱིས་ཚ་ནུས་ལ་བསྒྱུར་གྱི་ཡོད། སླར་སྐྱུལ་གཏོང་འཕྲུལ་ཆས་ཀྱིས་ཚ་ནུས་འཕྲུལ་ནུས་ལ་བསྒྱུར་ཏེ་གློག་གཏོང་འཕྲུལ་འཁོར་གྱིས་གློག་གཏོང་བ་ལ་ཉི་དྲོད་གློག་གཏོང་ཟེར།

同学们，我给大家补充一下太阳能热发电的知识。通过专门的设备收集太阳辐射能，把它转化成热能，再用动力机械将热能转换为机械能驱动发电机发电，就叫太阳能热发电。

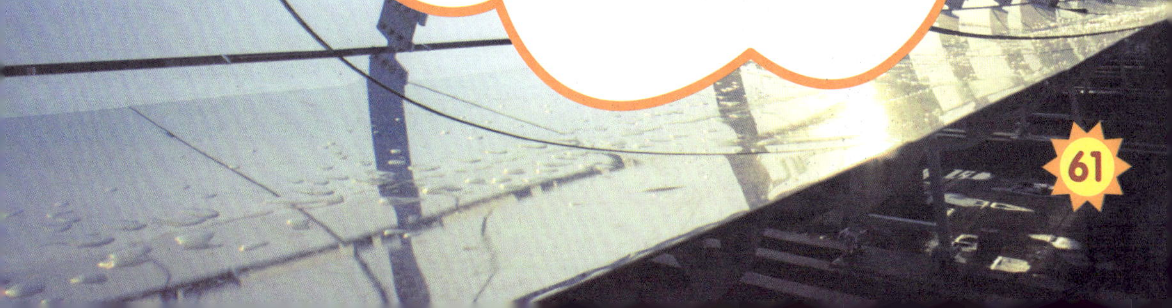

ཉི་དྲོད་གློག་གཏོང་ནི་འོད་ཚ་གློག་གསུམ་གྱི་ནུས་ཚད་བརྗེ་བསྒྱུར་བརྒྱུད། ཚ་གསོག་ལག་རྩལ་བེད་སྤྱོད་ནས་ཕྱིར་གཏོང་བྱས་པའི་གློག་ཤུགས་བརྟན་པོ་དང་བསྟུད་མར་ཆུ་ཚོད་24རིང་གློག་གཏོང་ཐུབ་ཀྱི་ཡོད།

太阳能热发电通过光－热－电的能量转换，利用热储存技术，可以实现稳定的电力输出和全天 24 小时连续发电。

མཚོ་སྔོན་ཏྲི་ལིང་ཧྭའི་འཕངས་ངོས་གཞོང་དབྱིབས་ཀྱི་ཉི་དྲོད་གློག་གཏོང་རྣམ་གྲངས།
德令哈抛物面槽式太阳能热发电项目
（中国广核集团有限公司—提供）

## འཕངས་ཟོས་གཞོང་གཟུགས་ཀྱི་ཉི་དྲོད་གློག་གཏོང་།

## ● 抛物面槽式太阳能热发电

འཕངས་ཟོས་གཞོང་གཟུགས་ཀྱི་ཉི་དྲོད་གློག་གཏོང་གི་མ་ལག་ནི་ཚ་སྡུད་སྒྲིག་ཆས་དང་། ཚ་གསོག་མ་ལག། རླངས་སྐྱུར་འཕྲུལ་ཆས། རླངས་སྐྱུལ་གློག་གཏོང་འཕྲུལ་ཚན་བཅས་ལས་གྲུབ། ཁྱེད་ཚོས་ལྟོས་དང་། གྲལ་སྤར་སྒྲིག་པའི་གཞོང་གཟུགས་ལྡོག་འཕྲོ་མེ་ལོང་དང་། དེའི་སྟེང་གི་ཚ་ལེན་སྦུ་གུ་ཡིས་ཉི་ནུས་འཕངས་ཟོས་གཞོང་གཟུགས་ཀྱི་ཉི་དྲོད་གློག་གཏོང་ས་ཚུགས་ཀྱི་ཚ་སྡུད་སྒྲིག་ཆས་གྲུབ་པར་བྱས་ཡོད།

抛物面槽式太阳能热发电系统主要包括集热装置、储热系统、蒸汽发生器和汽轮发电机组。大家看，这一排排凹面反射镜和上面的吸热管一起组成了太阳能抛物面槽式热发电站的集热装置。

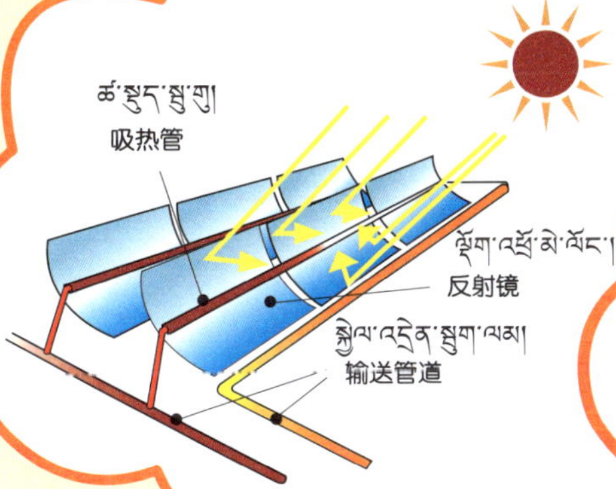


འཕངས་ཟོས་གཞོང་གཟུགས་ཉི་དྲོད་གློག་གཏོང་ཚ་སྡུད་སྒྲིག་ཆས།
抛物面槽式太阳能热发电的集热装置

ཉི་དྲོད་གློག་གཏོང་དང་འོད་སྒྱུ་གློག་གཏོང་གི་རྩ་བའི་རིགས་པ་གཏན་ནས་མི་འདྲ།

太阳能热发电与光伏发电的工作原理完全不同哟！

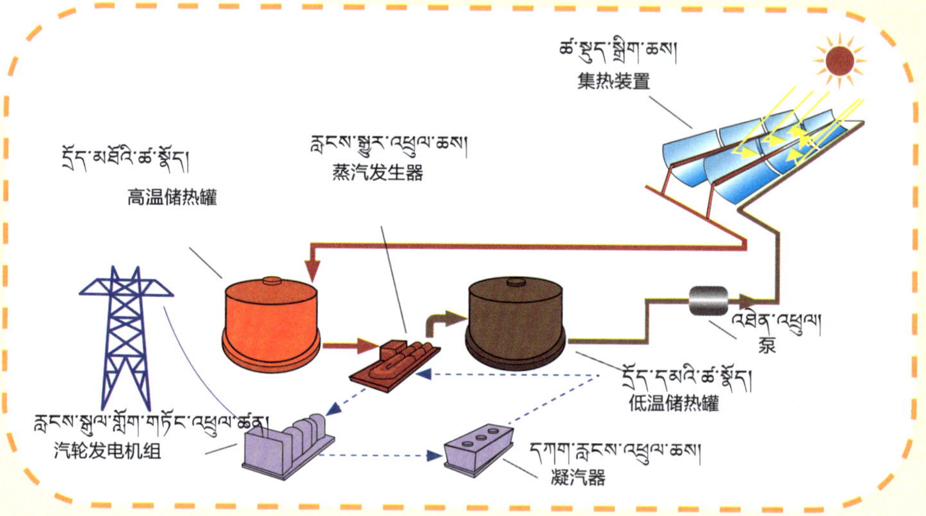


འཕངས་ངོས་གཞོང་གཟུགས་ཉི་དྲོད་གློག་གཏོང་ལག་རྩལ་གྱི་དོན་མཚོན་རི་མོ།

抛物面槽式太阳能热发电技术示意图

གཞོང་གཟུགས་ཚ་ནུས་གློག་གཏོང་ས་ཚུགས་ཀྱི་ལྡོག་འཕྲོའི་མེ་ལོང་གིས། ཉི་ནུས་ཚ་སྡུད་སྦུ་གུར་གཅིག་ཏུ་བསྡུས་ཏེ། ཚ་སྡུད་སྦུ་གུའི་ནང་གི་ཚ་འདྲེན་གཤེར་ཁུར་ཉི་འོད་གཅིག་སྡུད་ཐོག་པ་དང་། ཚ་འདྲེན་སྦུ་གུའི་དྲོད་ཚད་དེ་མ་ཐག་ཏུ་ཇེ་མཐོར་འགྲོ་བ་ཡིན། ཚ་སྡུད་སྦུ་གུའི་ནང་གི་ཚ་འདྲེན་གཤེར་ཁུ་རྣམས་ལྡོག་འཕྲོའི་མེ་ལོང་གིས་ཚ་འདྲེན་སྦུ་གུའི་ནང་ཅིག་ཏུ་སྡུད་དེ་ཐོག་མར་རྒྱུགས་ཤིང་། སླར་དྲོད་མཐོའི་ཚ་གསོག་སྣོད་ལས་རླངས་སྐྱུར་འཕྲུལ་ཆས་ནང་རྒྱུགས་ཏེ་ཆུ་དང་ཚ་བརྗེ་བྱེད་པ་ཡིན། ཆུའི་ཚ་བརྗེ་བྱས་རྗེས་དྲོད་མཐོའི་རླངས་པར་གྱུར་ཞིང་། ཚ་འདྲེན་གཤེར་ཁུ་ལས་བཞུར་བའི་ཚ་ཚད་དང་དྲོད་དམའ་གཉིས་དྲོད་དམའི་ཚ་སྣོད་ནང་བབས་ཏེ། སླར་འཐེན་འཁོར་གྱིས་དྲོད་དམའི་ཚ་འདྲེན་གཤེར་ཁུ་ལྡོག་འཕྲོའི་མེ་ལོང་གིས་ཚ་སྡུད་སྦུ་གུར་ཕྱིར་བསྐྱལ་ནས། ཡང་བསྐྱར་ཉི་མའི་འགྲོ་བའི་ཟེར་འཕྲོའི་ནུས་པ་སྡུད་ལེན་བྱེད་ཀྱི་ཡོད། རླངས་སྐྱུར་འཕྲུལ་ཆས་ནང་བྱུང་བའི་དྲོད་མཐོའི་རླངས་པས་གློག་གཏོང་འཕྲུལ་འཁོར་སྐྱལ་ཏེ་གློག་གཏོང་གི་ཡོད། དེ་ལས་བཏང་བའི་གློག་རྣམས་གློག་འདྲེན་སྐུད་ལམ་བརྒྱུད་ཁྱིམ་ཚང་ཁྲི་སྟོང་མང་པོར་སླེབས་ཀྱི་ཡོད།

在抛物面槽式太阳能热发电站中，反射镜将入射太阳光聚焦到吸热管上，吸热管里有导热液，吸收聚焦的阳光后，导热液温度会迅速升高。吸热管里的导热液从各排反射镜的吸热管汇集后先流到高温储热罐里，再从高温储热罐出来流进蒸汽发生器里与水发生热交换。水吸收热量成为高温蒸汽，导热液放出热量、温度降低流到低温储热罐，再由泵把低温导热液送回反射镜吸热管里，重新吸收太阳发出的辐射能。蒸汽发生器里生成的高温蒸汽能够推动汽轮发电机组发电，发出的电通过输电线路送到千家万户。

## ཐིག་གཤིས་ཧྥི་རེ་ནེལ་ཉི་དྲོད་གློག་གཏོང་།

## ● 线性菲涅耳式太阳能热发电

གཉམ་ལ་འོད་རིག་མ་ལག་ལས་ཐིག་གཤིས་ཧྥི་རེ་ནེལ་ལུགས་ཀྱི་ཉི་དྲོད་གློག་གཏོང་སྐོར་ངོ་སྤྲོད་བྱེད་ཀྱི་ཡིན། མ་ལག་འདིར་འོད་འདུ་ཚ་སྡུད་འཕྲུལ་ཆས་དང་། ཚ་གསོག་མ་ལག། རླངས་སྐྱུར་འཕྲུལ་ཆས། རླངས་སྐུལ་གློག་གཏོང་འཕྲུལ་འཁོར་བཅས་ཡོད།

下面介绍具有复杂光学系统的线性菲涅耳式太阳能热发电，这种发电系统主要包括聚光集热器、储热系统、蒸汽发生器和汽轮发电机组。

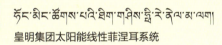

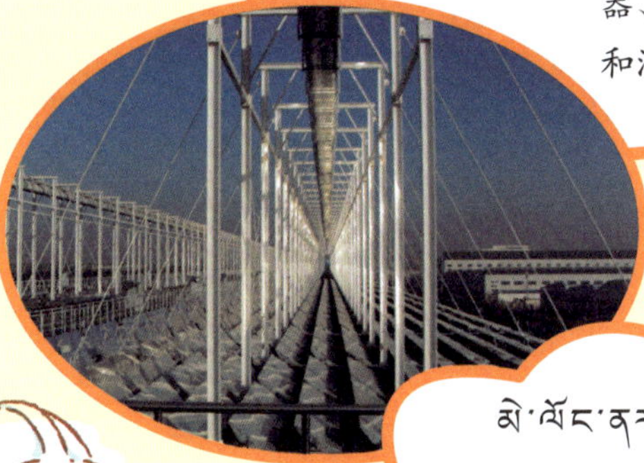

ཧོང་མིང་ཚོགས་པའི་ཐིག་གཤིས་ཧྥི་རེ་ནེལ་མ་ལག།

皇明集团太阳能线性菲涅耳系统

མེ་ལོང་ནར་གཟུགས་མ་འདི་དག་ཀྱང་ཉི་འོད་ལྡོག་འཕྲོ་བྱ་བྱེད་རེད་དམ།

这一条条的镜子，也是反射太阳光的吧？

རེད། འདི་ནི་ཐིག་གཤིས་ཧྥི་རེ་ནེལ་འོད་འདུ་ཚ་སྡུད་འཕྲུལ་ཆས་རེད། དེས་འོད་ཐིག་ལྡོག་འཕྲོ་ལན་མང་བྱས་ཏེ་ཚ་སྡུད་སྦུ་གུར་བསྡུས་ནས། ཚ་སྡོ་སྦུ་གུའི་ནང་གི་གཤེར་ཁུ་ཚ་པོ་བཟོ་གི་ཡོད། རྗེས་ཀྱི་ཚ་བརྗེ་དང་གློག་གཏོང་བརྒྱུད་རིམ་ནི་འཕང་དོས་གཞོང་དབྱིབས་ཉི་ནུས་གློག་གཏོང་དང་གཅིག་མཚུངས་ཡིན།

是的，线性菲涅耳聚光集热器，它将光线多次反射最后聚焦到一条线——集热管上，加热管子里面的液体。后面的热交换和发电过程与抛物面槽式太阳能热发电基本相同。

ཉི་མའི་ཚུར་འཕྲོས་འོད་ཐིག།
太阳入射光线

ཐེངས་གཉིས་པའི་འོད་འདུ་འཕྲུལ་ཆས།
二次聚光器

ཚ་སྡུད་སྦུ་གུ།
吸热管

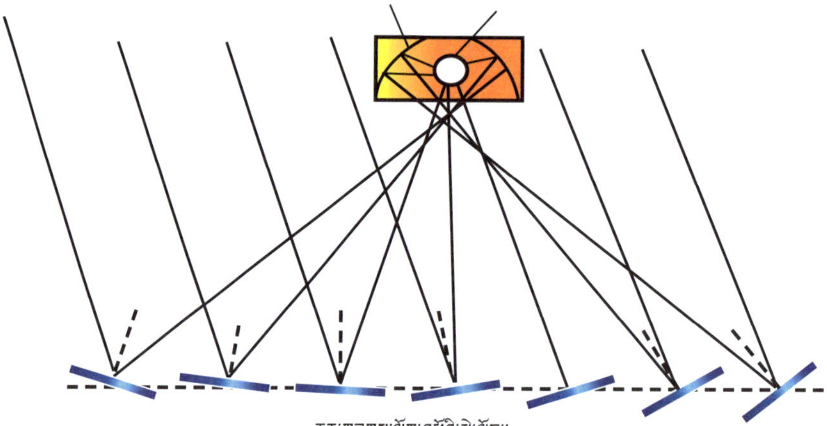

ནར་གཟུགས་ལྡོག་འཕྲོའི་མེ་ལོང་།
条形反射镜

ཐིག་གཤིས་ཧྥི་རེ་ནེལ་ལུགས་འོད་འདུ་ཚ་སྡུད་འཕྲུལ་ཆས་ཀྱི་གྲུབ་ཚུལ་དོན་མཚོན་རི་མོ།

线性菲涅耳聚光集热器结构示意图

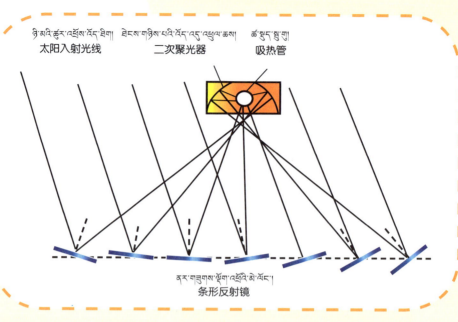

ཐིག་གཤིས་ཧྥི་རེ་ནེལ་ཉི་དྲོད་གློག་གཏོང་རྣམ་གྲངས།
线性菲涅尔式太阳能热发电项目
ཀྲུང་གོ་ག་འོ་ཉིང་ཚོགས་པ་ཚད་ཡོད་ཀུང་སི་ནས་འདོན།
（中国广核集团有限公司　提供）

## ཤེས་བྱ་ཁྱུང་འདྲེན།

ཨོ་གོ་སི་ཏིང་ · ཀྱན་ · ཧྥི་རེ་ནེལ། ཧྥ་རན་སིའི་དངོས་ཁམས་རིག་པ་མཁས་ཅན། རླབས་འགྱུལ་འོད་རིག་གི་གསར་གཏོད་མཛད་པོའི་གྲས་ཡིན་ཞིང་། དངོས་ཁམས་འོད་རིག་པའི་ཤིང་རྟའི་སྲོལ་འབྱེད་ཀྱི་མཚན་སྙན་ཡོད། ཧྥི་རེ་ནེལ་གྱི་ཚན་རིག་གྲུབ་འབྲས་གཙོ་བོ་གཉིས་ཏེ། དང་པོ་ནི་སྐོར་འཁྲོ་ཡིན། ཁོང་གིས་གྲངས་ཚད་གསར་པའི་ཐོག་ནས་ཧུའུ་ཀེང་སི་ལས་ཡི་ཧྥི་རེ་ནེལ་གྱི་རིག་གཞུང་གསར་དུ་གཏོད་དེ། སྐོར་འཁྲོའི་གཞུང་ལུགས་འཕྲུས་ཚང་དུ་བཏང་ཡོད། གཉིས་པ་ནི་ཡོ་འདར་ཡིན། ཁོང་གིས་D·F·Jཨ་ལ་གོ་མཉམ་དུ་ཡོ་འདར་འོད་ཀྱི་ཤུགས་རྐྱེན་ཐེབས་ཚུལ་ལ་ཞིབ་འཇུག་བྱས་ཏེ། འོད་ཀྱི་སྒོར་གཟུགས་འགྱུལ་འདར་དང་འཇོང་གཟུགས་འགྱུལ་འདར་གསར་དུ་རྙེད་པས། ལྡོག་འཕྲོའི་གཏན་སྲོལ་དང་དཀྱུག་འཕྲོའི་གཏན་སྲོལ་གྱི་ངེས་ཚད་གཏན་སྲོལ་ལམ་ཧྥི་རེ་ནེལ་གྱི་སྤྱི་འགྲོས་རིགས་འདེད་བྱས་པས། མ་ལུ་སི་ཡི་འོད་ལྡོག་འཕྲོའི་ཡོ་འགྱུལ་དང་། དཀྱུག་འཕྲོ་ཟུང་གི་སྣང་ཚུལ་ལ་འགྲེལ་བཤད་གནང་སྟབས། དྭངས་ཞུན་འོད་རིག་གི་རྨང་གཞི་བཏིངས་ཡོད་དོ།

## 知识链接

奥古斯丁 · 简 · 菲涅尔，法国物理学家，波动光学的奠基人之一，被誉为“物理光学的缔造者”。菲涅耳的科学成就主要有两个。第一个是衍射，他用新的定量形式建立了惠更斯——菲涅耳原理，完善了光的衍射理论。第二个是偏振，他与D.F.J.阿拉果一起研究了偏振光的干涉，发现了光的圆偏振和椭圆偏振现象，推出了反射定律和折射定律的定量规律（即菲涅耳公式），解释了马吕斯的反射光偏振现象和双折射现象，奠定了晶体光学的基础。

## གདོར་གཟུགས་ཉི་ཟེར་གློག་གཏོང་།
## ● 塔式太阳能热发电

ཉི་འོད་གློག་གཏོང་ཐབས་གསུམ་པ་ལ་གདོར་གཟུགས་ཉི་འོད་གློག་གཏོང་ཟེར་ཞིང་། གློག་གཏོང་མ་ལག་དེར་ཉི་གཏད་ར་བ་དང་། འདེགས་སྐྱོར་སྒྲོམ་སྡེགས། ཚ་སྣུད་འཕྲུལ་ཆས། ཚ་གསོག་མ་ལག རླངས་སྐྱུར་འཕྲུལ་ཆས། རླངས་སྐུལ་གློག་གཏོང་འཕྲུལ་འཁོར་སོགས་ལས་གྲུབ་ཡོད། འདི་ནི་ཚ་སྣུད་ལས་ཕྱོད་ཏ་ཅང་ཆེ་བའི་གློག་གཏོང་ཐབས་ཤིག་རེད།

第三种太阳能热发电方式叫塔式太阳能热发电，这种发电系统主要包括定日镜场、支撑塔、吸热器、储热系统、蒸汽发生器和汽轮发电机。这是吸热效率很高的发电方式。

པ་ཏ་ལིན་ཉི་འོད་གློག་གཏོང་ཉམས་ཞིབ་ས་ཚུགས།
八达岭太阳能热发电实验电站
（中国科学院电工所　提供）

རི་མོའི་ཐོག་གི་སྒྲོམ་སྡེགས་མཐོན་པོ་ལས་འོད་ཆེན་པོ་འཚེར་དོན་ཅི་ཡིན་ནམ།

图上那个高塔顶上怎么那么刺眼啊？

སྒྲོམ་སྡེགས་མཐོན་པོ་ལས་འོད་ཆེན་པོ་འཕྲོ་བ་དེ་ཚ་སྣུད་འཕྲུལ་ཆས་རེད། ས་ཐོག་གི་ཉི་གཏད་མེ་ལོང་མང་པོས་ལྡོག་འཕྲོ་བྱས་པའི་ཉི་འོད་ཚ་སྣུད་འཕྲུལ་ཆས་ལ་བརྟེན་ནས་སྣུད་ལེན་བྱེད་ཀྱི་ཡོད།

高塔顶上发出强光的装置叫吸热器，就是靠它吸收由地面上众多的定日镜反射的太阳光。

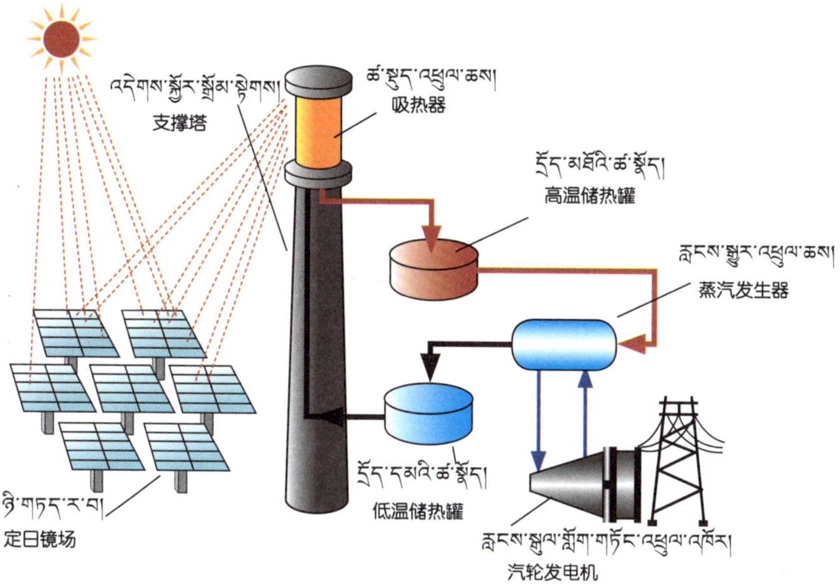


གཏོར་གཟུགས་ཉི་དྲོད་གློག་གཏོང་མ་ལག་གི་རྩ་བའི་དཔེ་རིས།
塔式太阳能热发电系统原理图

ས་ཐོག་ཏུ་ཡོད་པའི་ཞིལ་ཀོ་ཡུག་ནི་ཉི་གཏད་མེ་ལོང་ར་བ་རེད། དེ་ཚོ་རེ་རེ་ནི་མེ་ལོང་ཆེན་པོ་རེ་རེ་དང་འདྲ་བའི་ཉི་གཏད་མེ་ལོང་ལས་གྲུབ་པ་ཡིན། ཉི་གཏད་མེ་ལོང་རེ་རེའི་ནང་ཉི་འདེད་ཀྱི་སྒྲིག་ཆས་བསྐར་ཡོད། ཉི་མའི་འོད་ཚད་མཐོའི་ངང་དྲོད་གསོག་སྣོད་སྟེང་ལྡོག་འཕྲོ་བྱེད་ཐུབ། དྲོད་ལེན་འཕྲུལ་ཆས་ནང་ཚ་འདྲེན་ཐུབ་པའི་རྒྱུག་གཟུགས་ཡོད། དེ་རྗེས་དྲོད་བརྗེ་ལེན་དང་གློག་གཏོང་གོ་རིམ་ཡང་འཕངས་ངོས་གཞོང་གཟུགས་ཉི་ནུས་གློག་གཏོང་དང་གཅིག་མཚུངས་ཡིན།

地上成片的是定日镜场，由一台台像镜子一样的定日镜组成。每台定日镜都安装了跟踪太阳的装置，能最大限度地把太阳光反射到支撑塔顶的吸热器上。吸热器中有能够导热的流体，其后的热交换和发电过程与抛物面槽式太阳能发电基本相同。

གཏོར་གཟུགས་ཉི་དྲོད་གློག་གཏོང་གི་དཔེ་རིས།
塔式太阳能热发电图
（浙江中控太阳能技术有限公司　提供）

ཉི་གཏད་མེ་ལོང་གི་དཔེ་རིས།
定日镜实物图
（浙江中控太阳能技术有限公司　提供）

ཉི་ཟེར་གློག་གཏོང་དང་ཉི་ནུས་འོད་རྫུ་གློག་གཏོང་བསྡུར་ན། ཉི་ཟེར་གློག་གཏོང་གི་དགེ་མཚན་ནི་ཚ་གསོག་ལག་རྩལ་གྱིས་རྒྱུན་མཐུད་གློག་གཏོང་བྱས་པ་ཡིན། དེ་ནི་ཚ་སྣོད་ནང་གི་ཟྫོད་མཐོའི་ཚ་འདྲེན་གཤེར་ཁུའམ་བཞུར་ཚྭ་བེད་སྤྱད་དེ་ཉི་མོའི་ཉི་ནུས་གསོག་འཇོག་བྱས་ནས་ཉི་འོད་མེད་པའི་མཚན་མོ་ཆུ་དང་མུ་མཐུད་ཚ་ཚད་བརྗེ་ལེན་བྱས་རྗེས་ཆུ་བསྐོལ་ཏེ་ཟྫོད་མཐོའི་རླངས་པར་བསྒྱུར་བས་ཉིན་མཚན་དབྱེར་མེད་དུ་རླངས་སྒྲུལ་གློག་གཏོང་འཕྲུལ་འཁོར་གྱིས་གློག་གཏོང་གི་ཡོད། གློག་གཏོང་བབས་ཚུགས་དེ་རིགས་ཀྱིས་གློག་གཏོང་ཐུབ་པ་མ་ཟད། ད་དུང་ཟྫོད་སྐྱེལ་ཐུབ་པས་གཅིག་གོ་གཉིས་ཆོད་ཡིན།

与太阳能光伏发电相比，太阳能热发电的优势是可以利用热储存技术实现连续发电。利用储热罐里的高温导热液或熔融盐，把白天的太阳能“储存”起来，在没有阳光的晚上与水继续进行热量交换，水被加热成高温蒸汽，可以昼夜不停地推动汽轮发电机组发电。这种电站不仅可以发电，还能供热，可谓一举两得。

## 知识链接　ཤེས་བྱ་ལྷུང་འདྲེན།

ཉི་གཏད་མེ་ལོང་། དེ་ནི་ཉི་འོད་དམ་གོ་ལ་གཞན་ལས་འཕྲོས་པའི་འོད་ཐིག་ཁ་ཕྱོགས་གཏན་འཁེལ་ལ་ལྡོག་འཕྲོ་བྱེད་པའི་འོད་རིག་དཔྱད་ཆས་ཤིག་གོ། དེ་ནི་སྔར་གནམ་རིག་ཞིབ་འཇུག་ལ་བེད་སྤྱོད་ཅིང་། རྗེས་སུ་གནམ་གཤིས་རིག་པའི་ཁྲོད་ཀྱི་ཉི་མའི་ལྟ་དཔྱད་ཚད་འཇལ་ཐོག་བེད་སྤྱོད་ཀྱི་ཡོད། ཉི་ཟེར་གློག་གཏོང་མ་ལག་ཁྲོད་དུ་ཉི་གཏད་མེ་ལོང་གིས་ཉི་འོད་བརྟན་གནས་ངང་འདེགས་སྒྲོར་སྒྲོམ་སྟེགས་ཀྱི་ཚ་སྡུད་འཕྲུལ་ཆས་ཐོག་ལྡོག་འཕྲོ་བྱེད་ཀྱི་ཡོད།

定日镜，是一种将太阳光或其他星体发出的光线反射到固定方向的光学仪器。最早用于天文学研究，后来也用于气象学中对太阳的观测。在太阳能热发电系统中，它能够将太阳光恒定地反射到支撑塔的吸热器上。

## སྡེར་གཟུགས་ཉི་དྲོད་གློག་གཏོང་།
## 碟式太阳能热发电

གཅིག་བསྡུས་ལུགས་ཀྱི་སྡེར་གཟུགས་འོད་འདུ་འཕྲུལ་ཆས།

整体式碟式聚光器

（中国科学院电工所　提供）

སྡེར་མང་གཟུགས་ཀྱི་འོད་འདུ་འཕྲུལ་ཆས།

多碟式聚光器

（中国科学院电工所　提供）

འདི་ནི་སྡེར་གཟུགས་ཉི་དྲོད་ཀྱི་གློག་གཏོང་མ་ལག་ཡིན། དེའི་ཕྱི་དབྱིབས་ནི་གང་དང་འདྲ་བ་འདུག་གམ།

这是碟式太阳能热发电系统，它的外形有点儿像什么？

ཁྱིམ་སྤྱོད་ཉི་ཐབ་འདྲ་པོ་འདུག

像是家用太阳灶。

སྡེར་གཟུགས་ཉི་དྲོད་གློག་གཏོང་ནི་ཉི་ཐབ་འོད་འདུ་བྱེད་སྟངས་དང་འདྲ་ཞིང་། དེའི་འོད་འདུ་འཕྲུལ་ཆས་ཀྱིས་ཉི་འོད་འཁྱིལ་འཁོར་འཕངས་ངོས་ཀྱི་འདུ་ཐིག་སྟེ་སྡུད་འཕྲུལ་ཐོག་གཅིག་སྡུད་བྱས་ནས། སྡུད་འཕྲུལ་དང་ཤེད་འཕྲུལ་སྦྲེལ་མཐུད་བྱས་པའི་སྒུལ་མདའ་ཅན་གྱི་སི་ཐེ་ལི་ཡིས་སྐུལ་བྱེད་འཕྲུལ་འཁོར་ལས་གློག་གཏོང་གི་ཡོད།

与太阳灶聚焦阳光相似，碟式太阳能热发电的聚光器将太阳光聚焦在旋转抛物面的焦点——接收器上，接收器连接一种发动机——活塞式斯特林机，带动发电机发电。

མཇུག་ཏུ། ད་དུང་ཉི་དྲོད་གློག་གཏོང་སྟངས་ཤིག་ངོ་སྤྲོད་བྱ་རྒྱུ་ནི་ཉི་ནུས་ཚ་དྲོད་རླངས་རྒྱུན་གློག་གཏོང་རེད།

最后，再介绍一种不太一样的太阳能热发电方式：太阳能热气流发电。

## ཉི་ནུས་ཚ་དྲོད་རླངས་རྒྱུན་གློག་གཏོང་།

## ● 太阳能热气流发电

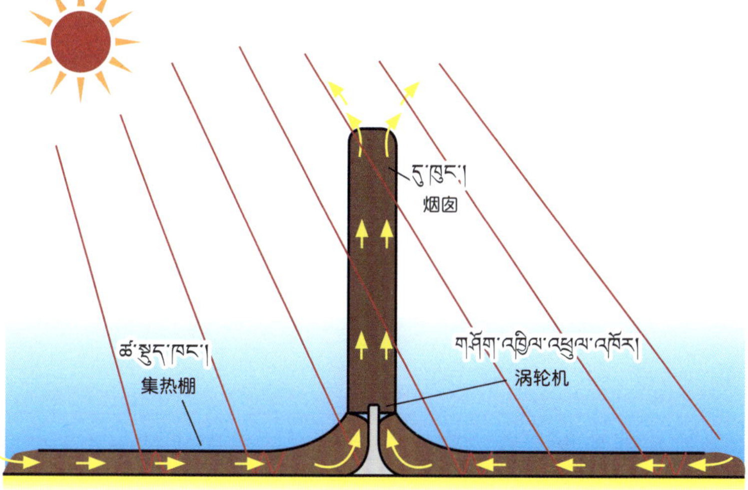


ཉི་ནུས་ཚ་དྲོད་རླངས་རྒྱུན་གློག་གཏོང་མ་ལག་གྲུབ་ཚུལ་རི་མོ།
太阳能热气流发电系统组成图

དུ་ཁུང་ཆེན་པོ་འདི་ལས་དུ་བ་འཕྱུར་དོན་གང་ཡིན་ནམ།
这个“大烟囱”能冒烟么？

སྟེང་ནས་ཐོན་པ་ནི་དུ་བ་མ་ཡིན་པར་ཚ་དབུགས་རེད། འདི་ནི་ཉི་ནུས་ཚ་དྲོད་རླངས་རྒྱུན་གློག་གཏོང་ཡིན་ཞིང་། རྒྱུན་དུ་ཁུང་དཔེབས་ཀྱི་གློག་གཏོང་ཡང་ཟེར་རོ།
从上面冒出来的不是烟气，是热空气。这是太阳能热气流发电，也被通俗地称为“烟囱式”发电。

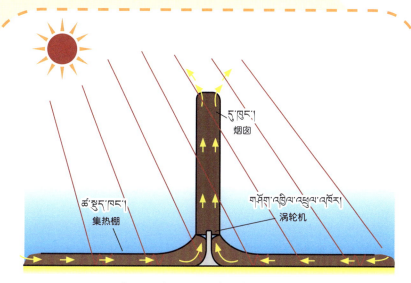

ཉི་ནུས་ཚ་དྲོད་རླངས་རྒྱུན་གློག་གཏོང་ནི་དུ་ཁུང་ལྟེ་བར་བྱས་ཏེ། ཉེ་སྐོར་དུ་གཞི་རྒྱ་ཆེ་བའི་ཤེལ་ཁང་བསྐྲུན་ཡོད། དུ་ཁུང་གི་མཐིལ་ལ་འཁྱིལ་འཁོར་འདབ་ལྕེའི་གློག་གཏོང་འཕྲུལ་ཆས་བསྒར་ཡོད། ཤེལ་ཁང་གི་མཁའ་རླུང་ཉི་འོད་ཀྱིས་སྡུད་ལེན་བྱས་ཏེ། དྲོད་ཚད་མཐོ་རུ་བཏང་བས། སྟུག་ཚད་ཤེལ་ཁང་གི་ཕྱི་རོལ་ལས་ཆུང་བ་ཡོད་པའི་རྐྱེན་གྱིས་ཤེལ་ཁང་གི་ཚ་དུགས་དུ་ཁུང་མཐིལ་དུ་བསྡུས་ནས་བགྲོད་ལམ་བརྒྱུད་ཐད་ཀར་རང་བཞིན་གྱིས་མཁའ་ལ་འཕྱུར་བས། མཁའ་འཕྱུར་རླངས་རྒྱུན་གྲུབ་པ་ཡིན། རླངས་རྒྱུན་གྱིས་གློག་གཏོང་འཕྲུལ་ཆས་ཀྱི་འདབ་ལྕེ་བསྐོར་ཏེ་གློག་གཏོང་གི་ཡོད། ཤེལ་ཁང་ཕྱི་རོལ་དུ་གྲང་རླུང་སྟུག་ཚད་ཆེ་བས། ཚ་སྡུད་ཁང་གི་ཉེ་འཁོར་ལས་མཁའ་རླུང་ཁ་གསབ་བྱས་པས། རྒྱུན་མཐུད་རླངས་རྒྱུན་འཁོར་རྒྱུག་བྱུང་བ་རེད།

དུ་ཁུང་ཞབས་ཀྱི་ཤེལ་ཁང་གི་ས་ངོས་ཀྱིས་ཉི་ནུས་ཆ་ཤས་སྡུད་ལེན་དང་གསོག་འཛོག་ཉུང་ཙམ་བྱེད་ཐུབ་པས་ཉི་འོད་མེད་པའི་མཚན་མོའང་ས་ངོས་ལས་རྒྱུན་མཐུད་དྲོད་གཏོང་བྱེད་པས། གློག་གཏོང་མ་ལག་གིས་ད་དུང་གློག་རྒྱུན་ཆད་མེད་པར་གཏོང་ཐུབ།

太阳能热气流发电，以“烟囱”为中心，周围建起一片面积很大的集热玻璃棚。“烟囱”底部安装带旋转叶片的发电机。玻璃棚内的空气接收太阳光，温度升高，由于密度比棚外的小，因此棚内热空气汇集到“烟囱”底部沿着垂直通道自然上升，形成上升气流，推动发电机的叶片旋转，带动发电机发电。棚外冷空气密度大，不断地从集热棚周边补充进来，就能形成连续气流循环了。

烟囱下面的玻璃棚地面能够吸收并储存一部分太阳能，即使在没有太阳的晚上，通过地面持续的放热，仍可以维持系统连续发电。

སློབ་ཕྲུགས་རྣམ་པས་ཤེས་སོང་ངམ། ཉི་ནུས་འོད་ཧྲུ་གློག་གཏོང་མིའི་རིགས་ཀྱིས་རྒྱ་ཆེར་བེད་སྤྱོད་བཞིན་ཡོད། ཉི་ནུས་ཤེལ་ལེབ་ཁང་ཐོག་ཙམ་མ་ཟད། མཚོ་གླིང་དང་། རྩྭ་ཐང་། བྱེ་ཐང་སོགས་སུ་ཡང་ཁྲི་སྟོང་མང་པོ་བཀྲམ་རུང་ངོ་།

同学们知道了吧，人类已经可以大规模利用太阳能光伏发电啦，太阳能电池板不仅能安装在屋顶上，还能成千上万块地铺设在海岛、草原、戈壁等地方呢。

ཉི་རྡོད་གློག་གཏོང་ནི་ཉི་ནུས་འོད་ཧྲུ་གློག་གཏོང་ལ་སྡུར་ཁ་མང་སྟེ། གྲལ་སྟར་སྒྲིག་པའི་གཞོང་གཟུགས་གློག་གཏོང་དང་། ངོས་སྙོམས་ཤེལ་ལེབ་ལྟ་བུའི་ཕྲི་རེ་ནེལ་ལུགས་ཀྱི་གློག་གཏོང་། འོད་རབ་ཏུ་འཚེར་བའི་གཏོར་གཟུགས་གློག་གཏོང་། སྡེར་མའི་ཆེ་ཆུང་ལྟ་བུའི་སྡེར་གཟུགས་གློག་གཏོང་། དུ་ཁུང་ལྟ་བུའི་ཚ་རྡོད་རླངས་རྒྱུན་གློག་གཏོང་སོགས་ཡོད།གཞོང་གཟུགས་དང་། སྡེར་གཟུགས། གཏོར་གཟུགས་དེ་བཞིན་ཕྲི་རེ་ནེལ་ལུགས་བཅས་ནི་འོད་འདུའི་བྱེད་ཐབས་སྤྱད་པ་ཡིན་ཞིང་། ཚ་རྡོད་རླངས་རྒྱུན་གློག་གཏོང་ནི་ཉི་ནུས་ཟེར་འཕྲོ་དང་ཚ་དུགས་ཀྱི་རྩ་བའི་རིགས་པ་གཞིར་བཟུང་། གློག་གཏོང་ནུས་པ་མངོན་འགྱུར་བྱུང་བ་ཞིག་གོ།

太阳能热发电比光伏发电种类多一些，有如同一排排水槽的槽式发电，有平板玻璃一样的菲涅耳式发电，有发出耀眼光芒的塔式发电，有大小碟子一样的碟式发电，还有烟囱一样的热气流发电。槽式、碟式、塔式和菲涅耳式都是采用聚光的方式；热气流发电主要利用太阳辐射加热空气的原理，实现最终的发电。

སློབ་གྲོགས་རྣམ་པ་ཚོ། དེ་རིང་གི་ལྟ་སྐོར་མཇུག་སྒྲིལ་སོང་། མ་འོངས་པར་སློབ་གྲོགས་རྣམ་པར་གློག་ཤུགས་ལས་དོན་པ་ཞིག་བྱེད་པའི་སྐལ་བ་ལྡན་པའི་སྨོན་འདུན་ཞུ་རྒྱུ་ཡིན།

同学们，我们今天的参观到此结束，希望同学们将来有机会也成为一名电力工作者！

སློབ་གྲོགས་རྣམ་པ། ང་ཚོས་ཀྲན་ལི་ལགས་དང་། སྒྲོལ་མ་ལགས་ལ་ཐལ་མོ་སྤྲུར་ཏེ་ཐུགས་རྗེ་ཆེ་ཞུ་རྒྱུ་ཡིན། ཁྱེད་ཚོས་དེ་རིང་སྦྱངས་པའི་ཤེས་བྱ་དག་ཁྱིམ་དུ་ལོག་རྗེས་ནང་མི་ལྷན་དུ་མཉམ་སྤྱོད་བྱ་རྒྱུ་མ་བརྗེད་པ་བྱེད་རོགས།

同学们，让我们鼓掌谢谢李老师、卓玛老师，大家今天学到许多知识，回家别忘了跟家人分享哦！

ནུས་ཁུངས། ཁྱེད་ནི་ཚེ་སྲོག་རྒྱུན་མཐུད་ཀྱི་འགན་སྲུང་ཡིན་ལ། ཁྱེད་ནི་དཔལ་ཡོན་ཡར་སྐྱེལ་ཀྱི་འདེགས་སྐྱོར་ཡང་རེད།

གློག་ཤུགས། ཁྱེད་ནི་དེང་རབས་དཔལ་ཡོན་གྱི་མཚོན་རྟགས་ཡིན་ལ། ཁྱེད་ནི་དཔལ་འབྱོར་གྲ་ཆྲུས་ཀྱི་མེ་ལོང་ཡང་རེད།

ལོ་རྒྱུས་ཀྱི་འཁོར་ལོ་མདུན་དུ་བསྐྱོད། ནུས་ཁུངས་དཔེ་གསར་ལ་གསོན་ཤུགས་སྦྱིན།

ཉི་ནུས་ནི་ཤིན་ཏུ་རྙིང་ཞིང་། དེང་རབས་ལྡན་ལ། ཕུགས་འདུན་ལྡན་པས་ངོ་མཚར་དང་བསྟོད་བསྔགས་མང་པོ་ཐོབ་ཡོད།

དྭངས་གཙང་ནུས་ཁུངས་ཀྱི་དུས་རབས་སླེབས་ཟིན་པས། མིའི་རིགས་ཀྱིས་འཚོལ་ཞིབ་ཀྱི་གོམ་སྟབས་སྤོ་མཚམས་དེ་བས་ག་ལ་འཇོག་སྲིད།

能源，是生命延续的保障，是文明演进的支撑。

电力，是现代文明的象征，是经济繁荣的晴雨表。

历史的车轮滚滚向前，新型能源注入强大驱动力。

太阳能古老、现代又未来，留下无数奇迹与赞叹。

清洁能源时代已然到来，人类追寻脚步永不停息。

# འཛམ་གླིང་ཉི་ནུས་འོད་ཧྥུ་གློག་གཏོང་འཕེལ་རྒྱས་ཀྱི་ལོ་རྒྱུས།

1839ལོར།

ཧྥ་རན་སིའི་དངོས་ཁམས་རིག་པ་མཁས་ཅན་A.E.པེ་ཁུ་རེལ་གྱིས་འོད་སྐྱེ་ཧྥུ་ཏྭ་ནུས་འབྲས་གསར་དུ་རྙེད།

1877ལོར།

དབྱིན་ཇིའི་ཚན་རིག་པ་W.G.Adamsདང་R.E.Dayགཉིས་ཀྱིས་ཐེངས་དང་པོ་ཉི་སྲོད་གློག་མེ་ཞིབ་འཇུག་བྱས་པ་རེད།

1905ལོར།

ཨིན་སི་ཐན་གྱིས་འོད་གློག་ནུས་འབྲས་རྩིས་རིག་ལས་རིགས་འདེད་བྱས་པས། ཉི་ནུས་གློག་མེ་ཞིབ་འཇུག་ལ་རིག་གཞུང་གི་རྨང་གཞི་བཏིང་།

1954ལོར།

ཨ་རིའི་པེར་ཉམས་ཞིབ་ཁང་གིས་འོད་གློག་བསྒྱུར་ནུས་6%ལྡན་པའི་ཀྱང་དྭངས་སེ་ཡི་ཉི་ནུས་གློག་མེ་བཟོས་པ་ནི་ཉི་ནུས་གློག་མེ་ཐོག་མ་དངོས་སུ་བེད་སྤྱོད།

1957ལོར།

ཨ་རིས་ཉི་ནུས་གློག་མེ་ཐེངས་དང་པོ་སྤུང་སྐར་མདུན་སྐྱོད་1ལ་དངོས་སུ་བེད་སྤྱད་དེ། བར་སྣང་ཁམས་སུ་ཐོག་མར་བཀོལ་སྤྱོད་བྱས།

1973ལོར།

ཨ་རིའི་ནུས་ཚད་བརྗེ་བསྒྱུར་ཞིབ་འཇུག་ཁང་གིས་ཐེ་ལ་ཧྭ་སློབ་ཆེན་དུ་འཛམ་གླིང་ཐོག་གི་འོད་ཧྥུ་གློག་གཏོང་ཁང་པ་ཡང་དང་པོ་དེ་བསྐྲུན།

1978ལོར།

ཨ་རིའི་ཡ་ལིས་སྲང་ནྭ་ཁུལ་དུ་སྟོང་ཕ་3.5 ཡི་འོད་ཧྥུ་མ་ལག་བསྐྲུན་པ་ནི་འཛམ་གླིང་ཐོག་གི་ཤང་གྲོང་གསེབ་ལ་འོད་ཧྥུ་གཏོང་གི་མ་ལག་ཐོག་མ་ཡིན།

1980ལོར།

འཇར་པན་སྣ་ཡན་གློག་རླངས་ཀུང་སིས་དྭངས་སེ་མིན་པའི་ལྷུ་ཚན་འཁོར་ཆེན་ཐོན་སྐྱེད་བྱས་ཏེ་ཕྱི་རོལ་གྱི་ཚོད་ལྟ་ལེགས་གྲུབ་བྱུང་།

2000ལོར།

འཇར་མན་གྱིས《སྐྱར་སྐྱེ་ནུས་ཁུངས་ཀྱི་བཅའ་ཁྲིམས་》(2000EEG)ཁྱབ་བསྒྲགས་བྱས་ཏེ་ནས་འོད་ཧྥུ་རྒྱ་ཁྱབ་ཏུ་ཁྲིམ་རར་བཀོལ་སྤྱོད་བྱས་པས། འཛམ་གླིང་འོད་ཧྥུ་ཐོན་ལས་འཕེལ་རྒྱས་ལ་སྐུལ་འདེད་བཏང་ཡོད།

2013ལོར།

འཇར་མན་གྱི་ནུས་ཁུངས་གསར་པའི་གློག་གཏོང་ནི་ཁང་ཐོག་ཏུ་བཀོད་སྒྲིག་བྱེད་པ་གཙོ་བོར་བཟུང་ནས། འོད་ཧྥུའི་གློག་གཏོང་ཚད་སྟོང་ཕ་ཆུ་ཚོད་$3\times10^{10}$ཟིན་ཏེ། འཇར་མན་གྱི་འོད་ཧྥུའི་གློག་གཏོང་ཚད་དེ་འཛམ་གླིང་འོད་ཧྥུའི་གློག་གཏོང་ཚད་ཀྱི་24%ཟིན།

## 世界太阳能光伏发展历史

### 1839 年

法国物理学家 Becquerel Alexandre Edmond 首次发现了“光生伏打效应”。

### 1877 年

英国科学家 William Grylls Adams 和 Richard Evans Day 研究制作了第一片硒太阳能电池。

### 1905 年

爱因斯坦推导出“光电效应”的数学表达式，为太阳能电池的研究提供了理论基础。

### 1954 年

美国贝尔实验室制成光电转换效率为 6% 的单晶硅太阳能电池，这是太阳能电池的首次实用。

### 1957 年

美国将太阳能电池应用于“先锋 1 号”卫星，首次实现其空间应用。

### 1973 年

美国能量转换研究所在特拉华大学建成世界第一个光伏住宅。

### 1978 年

美国在亚利桑那州安装了 3.5 千瓦光伏系统，这是世界首个乡村光伏系统。

### 1980 年

日本三洋电气公司完成非晶硅组件批量生产，完成了户外测试。

### 2000 年以后

德国以《可再生能源法》（2000EEG）颁布为标志，率先启动了光伏规模化应用市场，带动了世界光伏制造产业的发展。

### 2013

德国的新能源发电以屋顶分布式为主，光伏发电量为 $3\times10^{10}$ 千瓦·时，德国光伏发电量占全球光伏发电量的 24%。

## ཀྲུང་གོ་ཉི་ནུས་འོད་རྒྱུ་གློག་གཏོང་གི་འཕེལ་རྒྱས་ཀྱི་ལོ་རྒྱུས།

1958ལོར།

ཀྲུང་གོས་ཉི་ནུས་གློག་མེར་ཞིབ་འཇུག་ཐོག་མར་བྱས།

1959ལོར།

ཀྲུང་གོ་ཚན་རིག་ཁང་གིས་བཀོལ་སྤྱོད་རིན་ཐང་ལྡན་པའི་ཉི་ནུས་གློག་མེ་ཐོག་མར་བཟོས།

1971ལོར།

ཀྲུང་གོས་ཉི་ནུས་གློག་མེ་མི་བཟོས་སྦྱང་སྐར་ཤར་ཕྱོགས་དམར་2པ་ཡི་ཐོག་བཀོལ་སྤྱོད་བྱས་པ་ལེགས་གྲུབ་བྱུང་།

1973ལོར།

ཀྲུང་གོའི་ཉི་ནུས་གློག་མེ་ས་ངོས་སུ་བཀོལ་སྤྱོད་བྱེད་འགོ་ཚུགས་ཤིང་། ཐན་ཅིན་གྲུ་ཁར་ལྷ14.7ལྡན་པའི་ཉི་ནུས་གློག་མེ་ཡིས་གྲུ་ལམ་གསལ་སྟོན་ལ་གློག་མགོ་འདོན་བྱས།

2009ལོར།

ཀྲུང་གོ་ཉི་ནུས་འོད་རྒྱུ་ཚད་མཐོའི་དྲ་སྒྲིལ་གློག་ཚུགས་ཆེ་གྲས་ཐོག་མ་དེ་མཚོ་སྔོན་ཞིང་དུ་ལེགས་གྲུབ་བྱུང་སྟེ་གློག་གཏོང་འགོ་ཚུགས།

2011ལོར།

ཀྲུང་གོ་ཡི་འཛམ་གླིང་ཐོག་ཕྱོགས་གཅིག་མ་འཛོག་བྱེད་ཐེངས་གཅིག་ལ་གཞི་རྒྱ་ཆེ་ཤོས་ཀྱི་འོད་རྒྱུ་གློག་ཚུགས་ཏེ། ཆྭང་སྣ་གོར་མོའི་འོད་རྒྱུ་གློག་ཚུགས་དུས་རིམ་དང་པོའི་དྲ་སྒྲིལ་འོད་རྒྱུ་རྣམ་གྲངས་ཀྱིས། འཛུགས་སྐྲུན་གཞི་རྒྱ་དང་། སྤྱིའི་གློག་གཏོང་ནུས། ས་བཟུང་རྒྱ་ཁྱོན་གསུམ་ག་འཛམ་གླིང་གི་ཟིན་ཐོ་གསར་དུ་གཏོད།

2012ལོར།

ཀྲུང་གོའི་ཉི་ནུས་གློག་མེ་ཐོན་ཚད་ལོ་6བསྟུད་མར་འཛམ་གླིང་གི་ཨང་དང་པོར་སླེབས།

2015ལོར།

ཀྲུང་གོ་འོད་རྒྱུ་གློག་གཏོང་ནུས་ཚད་ལྷ་$4.3\times10^{10}$ཙམ་ཟིན་པ་འཇར་མན་ལས་བརྒལ་ནས་འཛམ་གླིང་ཐོག་འོད་རྒྱུ་གློག་གཏོང་ནུས་ཚད་ཆེ་ཤོས་ཀྱི་རྒྱལ་ཁབ་ལ་གྱུར།

## 中国太阳能光伏发展历史

### 1958 年

中国首次开始研究太阳能电池。

### 1959 年

中国科学院研制出了首片具有实用价值的太阳能电池。

### 1971 年

中国太阳能电池成功应用于“东方红二号”人造卫星。

### 1973 年

中国开始将太阳能电池应用转为地面，在天津港使用 14.7 瓦的太阳能电池为航标灯供电。

### 2009 年

中国首座大型太阳能光伏高压并网电站在青海西宁竣工并发电。

### 2011 年

中国建成世界上一次性单体投资规模最大的光伏电站——黄沙格尔木光伏电站一期并网光伏项目，创下了建设规模、总装机容量与占地面积 3 项世界之最。

### 2012 年

中国太阳能电池产量连续 6 年位居世界第一。

### 2015 年

中国光伏发电累计装机容量达到约 $4.3\times10^{10}$ 瓦，超越德国成为全球光伏累计装机容量最大的国家。

## བོད་རྒྱ་མིང་ཚིག་གསར་པ་ཤན་སྦྱར།　新名词藏汉对照

| | |
|---|---|
| དངོས་པོའི་གྲངས་ཚད། ཕྱུས་ཚད། | 质量 |
| གསོ་རླུང་། | 氧 |
| སོལ། | 碳 |
| ནེན། | 氖 |
| ལྕགས། | 铁 |
| ཉིང་འདུས་འགྱུར། | 核聚变 |
| ཟེར་འཕྲོའི་བང་རིམ། | 辐射层 |
| གཏད་རྒྱུག་བང་རིམ། | 对流层 |
| ཉི་མ་རླུང་ཁམས་ཆེན་པོའི་བང་རིམ། | 太阳大气层 |
| འོད་ཟླུམ་བང་རིམ། | 光球层 |
| ཚོས་ཟླུམ་བང་རིམ། | 色球层 |
| ཉི་འཛིན་འོད་ཀོར། | 日冕 |
| ཉི་རྣ། | 日珥 |
| ཉི་དྲོད་སློག་གཏོང་། | 太阳能热发电 |
| གཏོར་གཟུགས། | 塔式 |
| སྡེར་གཟུགས། | 碟式 |
| འཕངས་རྫས་གཞོང་གཟུགས། | 抛物面槽式 |
| ཉི་ནུས་ཚ་དྲོད་རླངས་རྒྱུན་སློག་གཏོང་། | 太阳能热气流发电 |
| ཚ་རྡུལ་འགྱུར་འབྱུང་ཁུལ། | 热核反应区 |
| ཆ་ཕྲན་བསགས་རིག་པ། | 微积分学 |

| | |
|---|---|
| འོད་སྦྱོར་ནུས་པ། | 光合作用 |
| འགྱུར་རྡོའི་འབར་རྫས། | 化石燃料 |
| ཐན་ཆིན་འདྲེས་སྦྱོར་རྫས། | 碳氢化合物 |
| དབྱང་གཉིས་ཐྣན་འགྱུར། | 二氧化碳 |
| སྐྱེ་དངོས་སྤུས་ནུས། | 生物质能 |
| རྩི་ཤིང་རླངས་འགྱུར། | 植物蒸腾 |
| ཆིང་འདོར་མཁྲིས་རྒྱུ་གཤེར་རྩི། | 脱氢胆固醇 |
| ཚ་སྡུད་སྦུ་གུ། | 集热管 |
| འཕངས་ངོས། | 抛物面 |
| ཐིག་གཤིས་ཧྥི་རེ་ནེལ། | 线性菲涅尔 |
| གྲིབ་ཚོད་འཁོར་ལོ། | 日晷 |
| སྡུད་ཁྱམས། | 磁场 |

## 索引